普通高等院校机械类"十三五"规划系列教材

互换性与测量技术基础

主　编　彭　全　何　聪　寇晓培
副主编　李　跃　陈　勇

U0206195

西南交通大学出版社
·成　都·

图书在版编目（CIP）数据

互换性与测量技术基础 / 彭全，何聪，寇晓培主编
. 一成都：西南交通大学出版社，2019.3（2022.7 重印）
普通高等院校机械类"十三五"规划系列教材
ISBN 978-7-5643-6783-1

Ⅰ. ①互… Ⅱ. ①彭… ②何… ③寇… Ⅲ. ①零部件
－互换性－高等学校－教材②零部件－测量技术－高等学
校－教材 Ⅳ. ①TG801

中国版本图书馆 CIP 数据核字（2019）第 041111 号

普通高等院校机械类"十三五"规划系列教材

互换性与测量技术基础

主编　彭　全　何　聪　寇晓培

责任编辑	何明飞
封面设计	何东琳设计工作室

出版发行	西南交通大学出版社
	（四川省成都市二环路北一段 111 号
	西南交通大学创新大厦 21 楼）
邮政编码	610031
发行部电话	028-87600564　028-87600533
网址	http://www.xnjdcbs.com
印刷	四川森林印务有限责任公司

成品尺寸	185 mm×260 mm
印张	12.5
字数	311 千
版次	2019 年 3 月第 1 版
印次	2022 年 7 月第 2 次
定价	38.00 元
书号	ISBN 978-7-5643-6783-1

前　言

　　"互换性与测量技术基础"是高等院校机械类各专业的重要技术基础课程。本书包含几何量公差和误差检测两个方面的内容，与机械设计、机械制造、质量控制、生产组织管理等方面密切相关，是机械工程技术人员和管理人员必备的基础知识。

　　本书按照最新国家标准编写，内容包括绪论、圆柱体结合的极限与配合、几何公差、表面粗糙度、滚动轴承的公差与配合、圆锥结合的公差与配合、螺纹结合的公差与配合、键与花键的公差与配合、圆柱齿轮的精度与检测、尺寸链、测量技术基础、光滑工件尺寸的检测及各章的练习题。

　　本书适用于32～64学时的课程教学，属于中少学时教材类型，并带有配套PPT和习题详细参考解答。适用于普通高等院校的理论教学，也可以作为机械技术人员初学精度设计的基础教材。

　　本书由彭全、何聪、寇晓培担任主编，西南科技大学城市学院李跃、陈勇担任副主编。具体分工为彭全编写第2、3、4、6、8、10章，何聪编写第5、7章和练习题，寇晓培编写第9、12章，李跃编写第1章、第11章第1和第2节，陈勇编写第11章第3节。

　　在本书编写过程中我们参阅了大量的教材、手册等资料，在此向有关作者表示衷心感谢。

　　由于编者的学识水平及精力有限，本书难免有不足和疏漏之处，恳请读者批评指正。

编　者

2019年1月

目　录

第1章 绪 论

【学习目标】

（1）掌握互换性的含义。

（2）充分认识互换性的重要意义。

（3）明确互换性的分类。

（4）掌握互换性、公差、测量技术和标准化之间的关系。

（5）提高对标准和标准化重要性的认识。

（6）了解 GB/T 321—2005《优先数和优先数系》的有关规定。

1.1 互换性概述

1.1.1 互换性的含义及其意义

1. 互换性的含义

在日常生活和生产中，经常使用可以相互替换的零部件。例如，汽车、缝纫机和家用电器的零部件损坏后，可选择同样规格的零部件换上，从而恢复机械最初的功能。像这种同一规格的零部件，任取其一，不需任何挑选或附加修配（如钳工修理），就能装配到机器上，并达到规定功能要求的特性就叫作互换性。

2. 互换性的意义

从制造方面看，在现代机械工业中，机械零件具备互换性，才能将组成一台机器的成千上万个零件分配到全国各地不同车间、工厂进行高效生产，然后再集中到一家工厂进行装配。在整个过程中，互换性有利于组织大规模的专业化、自动化、协作化生产，有利于实现装配过程中的自动化，从而缩小装配周期，最终实现成本的降低，效率的提高。

从设计方面看，如果按互换性的要求进行设计，设计者可最大限度地使用标准件或通用件。从而可以减少计算、绘图等工作量，缩短设计周期，更有利于发展创新产品。

从使用方面看，零部件具有互换性，可以在零部件损坏时，不经挑选就可得到新的零部件，使机器得到及时修理。从而减少了机器修理时间，保证机器持续正常运转，延长机器的使用寿命，提高机器的使用价值。

1.1.2 互换性的分类

在机械和仪器制造业中，零部件互换性的分类根据不同的性质，分类形式也不同。

按决定互换性的参数分类，可分为几何参数互换（如尺寸）和性能互换（如强度、硬度）。几何参数互换是指零部件的尺寸大小、几何形状、位置、表面粗糙度等参数的互换。性能互换是指零部件的物理性能、化学性能及力学性能等参数的互换。本书主要研究零部件几何参数的互换性。

按互换性的程度分类，可分为完全互换和不完全互换。完全互换是指一批零部件在装配时无须分组、调整、挑选和修配，装配后 100%满足预定要求的互换性能。不完全互换是零件加工好后，通过测量将零件按实际尺寸的大小分为若干组，仅同一组内零件有互换性，组与组之间不能互换。当装配精度要求较高时，采用完全互换将使零件制造精度要求提高，加工困难，成本增高，而采用不完全互换，可适当降低零件的制造精度，使之便于加工，成本降低。一般来说：当使用要求与制造水平、经济效益没有矛盾时，可采用完全互换；反之，采用不完全互换。

若针对标准部件，互换性还可以分为内互换和外互换。组成标准部件的零件的互换性称为内互换；标准部件同其他零部件的互换称为外互换。例如，滚动轴承的外圈内滚道、内圈外滚道与滚动体的互换称为内互换；外圈外径、内圈内径以及轴承宽度与其相配的机壳孔、轴径和轴承端盖的互换称为外互换。

1.2 公差、标准及检测

1.2.1 公 差

为了满足互换性的要求，似乎同一规格的零部件，它的几何参数都要加工得完全一致。但在实际加工过程中，这是不可能的，因为不可避免地会产生各种误差，同时这也是没有必要的。所以实际上，只要零部件的几何参数误差保持在一定的变动范围里，就能达到互换性的目的。

零件在加工过程中，产生的误差大体可以分为 4 个类型：尺寸误差、形状误差、位置误差和表面微观不平度。为了将这些误差控制在一定的合理的范围内，所以产生了公差。

允许零件几何参数的变动范围称为公差。它包括尺寸公差、形状公差、位置公差等。

1.2.2 标 准

就生产技术而言，为了实现互换性，零部件的几何参数必须在其规定的公差范围内。从组织生产来说，如果同类产品的规格太多，或规格相同而规定的公差大小各异，就会给实现互换性带来很大困难。因此，为实现互换性，必须采用一种手段将分散的、局部的生产部门和生产环节形成统一。这种手段就称为标准和标准化。

标准是对重复性事物和概念所做的统一规定，它以科学、技术和实践经验的综合成果为基础，经有关方面协商一致、经主管机构批准、以特定形式发布，作为共同遵守的准则和依据。

标准化是指标准的制订、发布和贯彻实施的全部活动过程，包括从调查标准化对象开始，经试验、分析和归纳，进而制订和贯彻标准，甚至后期的修订标准等。

标准的范围极广，种类繁多，涉及人类生活的各个方面。本书研究的公差标准、检测器具和方法标准，大多属于国家标准。

对需要在全国范围内统一的技术要求，应当制订国家标准（代号为 GB）；对没有国家标准而又需要在全国某行业范围内统一的技术要求，可制订行业标准，如机械标准（代号为 JB）；对没有国家标准和行业标准而又需要在某个范围内统一的技术要求，可制订地方标准（代号为 DB）或企业标准（代号为 Q）。

我国于 1989 年 4 月 1 日起施行的《中华人民共和国标准化法》中规定，国家标准和行业标准又分为强制性国标（代号为 GB）和推荐性国标（代号为 GB/T）。强制性标准主要是对有些涉及安全、卫生方面的进出口商品规定了限制性的检验标准，以保障人体健康和人身、财产的安全，具有法属性的特点。推荐性国标是指生产、交换、使用等方面，通过经济手段或市场调节而自愿采用的国家标准，一经采用就将具备法律上的约束性，超过 80% 以上的标准属于推荐性标准。

国家标准的更新历时几十年，从 1955 年开始，经过了数次修订。在 2009 年 11 月 1 日，国家又分别颁布实施：GB/T 1800.1—2009《产品几何技术规范（GPS）极限与配合 第 1 部分：公差、偏差和配合的基础》，GB/T 1800.2—2009《产品几何技术规范（GPS）极限与配合 第 2 部分：标准公差等级和孔、轴极限偏差表》，GB/T 1801—2009《产品几何技术规范（GPS）极限与配合 公差带和配合的选择》，GB/T 4249—2009《产品几何技术规范（GPS）公差原则》，GB/T 16671—2009《产品几何技术规范（GPS）几何公差 最大实体要求、最小实体要求和可逆要求》，GB/T 1031—2009《产品几何技术规范（GPS）表面结构 轮廓法 表面粗糙度参数及其数值》，GB/T 3177—2009《产品几何技术规范（GPS）光滑工件尺寸的检验》，GB/T 3505—2009《产品几何技术规范（GPS）表面结构 轮廓法 术语、定义及表面结构参数》等，用这些新体系标准代替原有标准。

1.2.3 检 测

完工后的零部件是否满足公差要求，需要通过检测来加以判定。检测不仅用来评定产品的质量，还可分析产品不合格的原因，从而及时调整生产，防止废品继续产生。所以，要提高产品质量，除了设计和加工精度的提高外，检测精度的提高也不容忽视。

所以，要实现互换性生产，合理地制订公差和正确地进行检测是必不可少的。

1.3 优先数与优先数系

在机械设计中，常常需要确定很多参数，而这些参数往往不是孤立的，一旦选定，这个数值就会按照一定规律，向一切有关的参数传播。例如，螺栓的尺寸一旦确定，将会影响螺母的尺寸、丝锥板牙的尺寸、螺栓孔的尺寸以及加工螺栓孔的钻头的尺寸等。由于数值不断关联、不断传播，机械产品中的各种技术参数不能随意确定，否则会出现规格品种恶性膨胀的混乱局面，给生产、维护带来极大的困难。

为使产品的参数选择能遵守统一的规律，使参数选择一开始就纳入标准化轨道，必须对各种技术参数的数值做出统一规定。GB/T 321—2005《优先数和优先数系》就是其中最重要的一个标准，要求工业产品技术参数尽可能采用它。

优先数系由一些十进制等比数列构成，按等比数列分级，不会造成分级疏的过疏，密的过密的不合理现象。因此，它提供了一种经济、合理的数值分级制度。

优先数系由公比为 10 的 5，10，20，40，80 次方根，且项值中含有 10 的整数幂的理论等比数列导出的一组近似等比数列。各数列分别用符号 R5，R10，R20，R40，R80 表示，称为 R5 系数、R10 系数、R20 系数、R40 系数、R80 系数。

R5 系列是以 $q_5 = \sqrt[5]{10} \approx 1.60$ 为公比形成的数系。

R10 系列是以 $q_{10} = \sqrt[10]{10} \approx 1.25$ 为公比形成的数系。

R20 系列是以 $q_{20} = \sqrt[20]{10} \approx 1.12$ 为公比形成的数系。

R40 系列是以 $q_{40} = \sqrt[40]{10} \approx 1.06$ 为公比形成的数系。

R80 系列是以 $q_{80} = \sqrt[80]{10} \approx 1.03$ 为公比形成的数系。

R5、R10、R20 和 R40 是常用系列，称为基本系列；R80 作为补充系列。R5 系列的项值包含在 R10 系列中，R10 系列的项值包含在 R20 系列中，R20 系列的项值包含在 R40 系列中，R40 系列的项值包含在 R80 系列中。优先数系的基本系列见表 1.1。

表 1.1　优先数系的基本系列（常用值）

R5	1.00			1.60			2.50			4.00			6.30			10.00
R10	1.00	1.25		1.60	2.00		2.50	3.15		4.00	5.00		6.30	8.00		10.00
R20	1.00	1.12	1.25	1.40	1.60	1.80	2.00	2.24	2.50	2.80	3.15
	3.55	4.00	4.50	5.00	5.60	6.30	7.10	8.00	9.00	10.00	
R40	1.00	1.06	1.12	1.18	1.25	1.32	1.40	1.50	1.60	1.70	1.80
	1.90	2.00	2.12	2.24	2.36	2.50	2.65	2.80	3.00	3.15	3.35
	3.55	3.75	4.00	4.25	4.50	4.75	5.00	5.30	5.60	6.00	6.30
	6.70	7.10	7.50	8.00	8.50	9.00	9.50	10.00			

注：摘自 GB/T 321—2005。

优先数的主要优点是相邻两项的相对差均匀，疏密适中，而且运算方便，简单易记。在同一系列中，优先数（理论值）的积、商、整数（正或负）的乘方等仍为优先数。因此，优先数得到了广泛应用。

另外，为了使优先数系具有更大的适应性来满足生产，可从基本系列中每隔几项选取一个优先数，组成新的系列，即派生系列。例如经常使用的派生系列 R10/3，就是从基本系列 R10 中每逢三项取出一个优先数组成的，当首项为 1 时，R10/3 系列为 1.00，2.00，4.00，8.00，16.00 等，其公比 $q = (\sqrt[10]{10})^3 \approx 1.2598^3 = 2$。

优先数系的应用很广，适用于各种尺寸、参数的系列化和质量指标的分级，对保证各种工业产品品种、规格的合理简化分档和协调具有重大的意义。选用基本系列时，应遵循先疏后密的原则，即应当按照 R5，R10，R20，R40 的顺序，优先采用公比较大的基本系列，以免规格太多。当基本系列不能满足分级要求时，可选用派生系列。选用时应优先采用公比较大和延伸项含有项值 1 的派生系列。

第2章　圆柱体结合的极限与配合

【学习目标】

（1）掌握极限配合国家标准的组成、基本术语及定义。

（2）掌握标准公差系列与基本偏差系列。

（3）掌握公差带的含义和公差带图的画法。

（4）熟悉公差与配合的选用，并能正确标注在图上。

（5）了解线性尺寸的未注公差。

2.1　概　述

圆柱体结合的公差与配合是机械制造中广泛应用的一种重要基础标准。它不仅适用于圆柱体内、外表面的结合，也用于其他结合中由单一尺寸确定的部分，例如，键结合中的键与键槽、花键中的外径、内径及键与槽宽等。

"公差"主要反映机器零件使用要求与制造要求的矛盾，而"配合"则反映组成机器的零件之间的关系。公差与配合的标准化有利于机器的设计、制造、使用和维修。它广泛应用于国民经济的各个部门，因此，国际上公认它是特别重要的基础标准之一。

本章主要介绍关于圆柱体结合的标准，包括有 GB/T 1800.1—2009《产品几何技术规范（GPS）极限与配合　第 1 部分：公差、偏差和配合的基础》，GB/T 1800.2—2009《产品几何技术规范（GPS）极限与配合　第 2 部分：标准公差等级和孔、轴极限偏差表》，GB/T 1801—2009《产品几何技术规范（GPS）极限与配合　公差带和配合的选择》。

2.2　极限与配合的基本术语

2.2.1　孔与轴

1. 孔

孔指工件的圆柱形内表面，也包括非圆柱内表面（由两平行平面或切面形成的包容面），孔的尺寸用 D 表示。如图 2.1 中的 $D_1 \sim D_4$。

2. 轴

轴指工件的圆柱形外表面，也包括非圆柱外表面（由两平行平面或切面形成的被包容面），轴的尺寸用 d 表示，如图 2.1 中的 $d_1 \sim d_4$。孔为包容面，轴为被包容面。

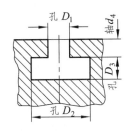
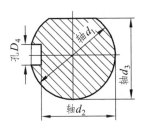

图 2.1　孔与轴的示意图

2.2.2　尺寸

1. 线性尺寸

线性尺寸是以特定单位表示的两点之间的距离，如长度、宽度、高度、半径、直径及中心距等。在机械工程图中，通常以毫米（mm）为单位。

2. 公称尺寸（基本尺寸）

公称尺寸是设计者根据使用要求，考虑零件的强度、刚度和结构后，经过计算、圆整给出的尺寸。公称尺寸一般都尽量选取标准值，以减少定值刀具、夹具和量具的规格和数量。孔的公称尺寸用大写字母"D"来表示，轴的公称尺寸用小写字母"d"来表示，如图 2.2 所示。

3. 提取组成要素的局部尺寸（旧称实际尺寸）

它是一切提取组成要素上两对应点之间距离的统称，简称为提取要素的局部尺寸。它是经过测量得到的尺寸。在测量过程中总是存在测量误差，而且测量位置不同所得的测量值也不相同，所以真值虽然客观存在但是测量不出来。我们只能用一个近似真值的测量值代替真值，换句话说就是实际尺寸具有不确定性。孔的提取组成要素的局部尺寸用"D_a"来表示，轴的提取组成要素的局部尺寸用"d_a"来表示。

4. 极限尺寸

极限尺寸指工件合格范围的两个极端尺寸。最大的极端尺寸叫上极限尺寸，孔和轴的上极限尺寸分别用"D_{max}"和"d_{max}"表示；最小的极端尺寸叫下极限尺寸，孔和轴的下极限尺寸分别用"D_{min}"和"d_{min}"表示。极限尺寸是用来限制提取组成要素的局部尺寸的，提取组成要素的局部尺寸在极限尺寸范围内，表明工件尺寸合格；否则，尺寸不合格。

2.2.3 偏差与公差

1. 尺寸偏差（简称偏差）

尺寸偏差是某一尺寸减去它的公称尺寸所得的代数差。它可分为实际偏差和极限偏差。

（1）实际偏差。

提取组成要素的局部尺寸减去它的公称尺寸所得的偏差叫实际偏差。孔和轴的实际偏差分别用"E_a"和"e_a"表示。

（2）极限偏差。

极限尺寸减去它的公称尺寸所得的代数差叫极限偏差。偏差值是代数值，可以为正值、负值或零，计算或标注时除零以外都必须带正、负号。极限偏差有上极限偏差和下极限偏差两种，如图 2.2 所示。

① 上极限偏差。

上极限尺寸减去公称尺寸所得的代数差。孔和轴的上极限偏差分别用"ES"和"es"表示。

② 下极限偏差。

下极限尺寸减去公称尺寸所得的代数差。孔和轴的下极限偏差分别用"EI"和"ei"表示。

极限偏差用公式表示为

$$\text{孔的上极限偏差} \quad \text{ES}=D_{\max}-D \qquad \text{轴的上极限偏差} \quad \text{es}=d_{\max}-d$$
$$\text{孔的下极限偏差} \quad \text{EI}=D_{\min}-D \qquad \text{轴的下极限偏差} \quad \text{ei}=d_{\min}-d \qquad (2.1)$$

2. 尺寸公差（简称公差）

尺寸公差是允许尺寸的变动量。尺寸公差等于上极限尺寸与下极限尺寸相减所得代数差的绝对值，也等于上极限偏差与下极限偏差相减所得代数差的绝对值。公差是绝对值，不能为负值，也不能为零。孔和轴的公差分别用"T_h"和"T_s"表示，如图 2.2 所示。

尺寸公差用公式表示为

$$\text{孔的公差} \ T_h = \left| D_{\max} - D_{\min} \right| = \left| \text{ES} - \text{EI} \right|$$
$$\text{轴的公差} \ T_s = \left| d_{\max} - d_{\min} \right| = \left| \text{es} - \text{ei} \right| \qquad (2.2)$$

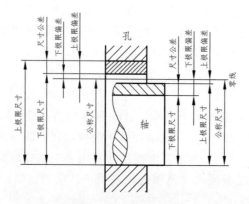

图 2.2 公称尺寸、极限尺寸、极限偏差、尺寸公差示意图

3. 公差带图

为了更能直观地反映公称尺寸、极限偏差和公差三者的关系，提出了公差带图。公差带图由零线和尺寸公差带组成。

（1）零线。

公差带图中，表示公称尺寸的一条直线，它是用来确定极限偏差的基准线。极限偏差若位于零线上方为正值，若位于零线下方则为负值，若位于零线上则为零。在绘制公差带图时，应注意绘制零线、标注零线的公称尺寸线、标注公称尺寸值和符号 "$\overset{+}{\underset{-}{0}}$"，如图 2.3 所示。

（2）尺寸公差带。

在公差带图中，表示上、下极限偏差的两条直线之间的区域叫作尺寸公差带。在绘制公差带图时，应该用不同的方式来区分孔、轴公差带。例如，在图 2.3 中，孔、轴公差带用不同方向的剖面线区分。公差带的位置和大小应按比例绘制。公差带的横向宽度没有实际意义，可在图中适当选取。

公差带图中，公称尺寸和上、下极限偏差的单位可省略不写，公称尺寸的单位默认为毫米（mm），上、下极限偏差的单位默认是微米（μm）。

【例 2.1】　已知孔尺寸 $\phi 40^{+0.025}_{0}$ mm，轴的尺寸 $\phi 40^{-0.009}_{-0.025}$ mm，指出其公称尺寸，并求孔与轴的极限尺寸、极限偏差与公差，并画出公差带图。

解：孔轴公称尺寸　　　$D=\phi 40$ mm　　　　　　　　$d=\phi 40$ mm

孔的极限尺寸　　　$D_{max}=\phi 40.025$ mm　　　　　$D_{min}=\phi 40$ mm

轴的极限尺寸　　　$d_{max}=\phi 39.991$ mm　　　　　$d_{min}=\phi 39.975$ mm

孔的极限偏差　　　ES$=+0.025$ mm　　　　　　　EI$=0$ mm

轴的极限偏差　　　es$=-0.009$ mm　　　　　　　ei$=-0.025$ mm

孔和轴的公差　　　$T_h=|\text{ES}-\text{EI}|=0.025$ mm　　$T_s=|\text{es}-\text{ei}|=0.016$ mm

公差带图如图 2.4 所示。

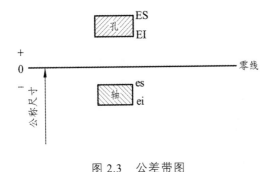

图 2.3　公差带图　　　　　　　图 2.4　例题公差带图解

2.2.4　配　合

配合是指公称尺寸相同，相互结合的轴与孔公差带之间的关系。

孔的尺寸减去相结合的轴的尺寸所得的代数差为正时，称为间隙。间隙用大写字母 "X"

表示。孔的尺寸减去相结合的轴的尺寸所得的代数差为负时，称为过盈。过盈用大写字母"*Y*"表示。

1. 间隙配合

具有间隙（包括间隙为零）的配合称为间隙配合。当配合为间隙配合时，孔的公差带在轴的公差带上方，如图 2.5 所示。

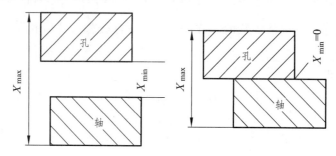

图 2.5　间隙配合

孔的上极限尺寸减去轴的下极限尺寸或孔的上极限偏差减去轴的下极限偏差所得的代数差称为最大间隙，用"X_{max}"表示。可用公式表示为

$$X_{max} = D_{max} - d_{min} = ES - ei \qquad (2.3)$$

孔的下极限尺寸减去轴的上极限尺寸或孔的下极限偏差减去轴的上极限偏差所得的代数差称为最小间隙，用"X_{min}"表示。可用公式表示为

$$X_{min} = D_{min} - d_{max} = EI - es \qquad (2.4)$$

配合公差是间隙的允许变动量，用"T_f"表示，它等于最大间隙与最小间隙之代数差的绝对值，也等于孔的公差与轴的公差之和。可用公式表示为

$$T_f = \left| X_{max} - X_{min} \right| = T_h + T_s \qquad (2.5)$$

2. 过盈配合

具有过盈（包括过盈为零）的配合称为过盈配合。当配合为过盈配合时，孔的公差带在轴的公差带下方，如图 2.6 所示。

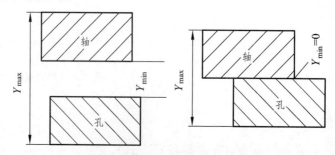

图 2.6　过盈配合

孔的上极限尺寸减去轴的下极限尺寸或孔的上极限偏差减去轴的下极限偏差所得的代数差称为最小过盈，用"Y_{min}"表示。可用公式表示为

$$Y_{min}=D_{max}-d_{min}=ES-ei \tag{2.6}$$

孔的下极限尺寸减去轴的上极限尺寸或孔的下极限偏差减去轴的上极限偏差所得的代数差称为最大过盈，用"Y_{max}"表示。可用公式表示为

$$Y_{max}=D_{min}-d_{max}=EI-es \tag{2.7}$$

配合公差是过盈的允许变动量，用"T_f"表示，它等于最大过盈与最小过盈的代数差的绝对值，也等于孔的公差与轴的公差之和，可用公式表示为

$$T_f=\left|Y_{max}-Y_{min}\right|=T_h+T_s \tag{2.8}$$

3. 过渡配合

可能具有间隙，可能具有过盈的配合称为过渡配合。当配合为过渡配合时，孔的公差带和轴的公差带相互交叠，如图 2.7 所示。

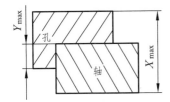 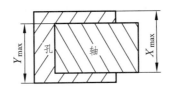 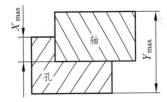

图 2.7 过渡配合

孔的上极限尺寸减去轴的下极限尺寸或孔的上极限偏差减去轴的下极限偏差所得的代数差称为最大间隙，用"X_{max}"表示。可用公式表示为

$$X_{max}=D_{max}-d_{min}=ES-ei \tag{2.9}$$

孔的下极限尺寸减去轴的上极限尺寸或孔的下极限偏差减去轴的上极限偏差所得的代数差称为最大过盈，用"Y_{max}"表示。可用公式表示为

$$Y_{max}=D_{min}-d_{max}=EI-es \tag{2.10}$$

配合公差等于最大间隙与最大过盈之间的代数差的绝对值，也等于孔的公差与轴的公差之和，可用公式表示为

$$T_f=\left|X_{max}-Y_{max}\right|=T_h+T_s \tag{2.11}$$

【例 2.2】 已知孔：$\phi20^{+0.033}_{0}$，轴：$\phi20^{-0.065}_{-0.098}$

（1）分别绘出孔和轴的公差带图，并说明它的配合类别。

（2）计算此配合的极限间隙（或极限过盈）及配合公差。

解：（1）公差带图如图 2.8 所示。根据公差带图可知，孔的公差带在轴的公差带上方，则此配合为间隙配合。

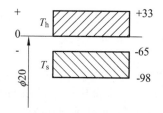

图 2.8 孔和轴的公差带图

（2）孔与轴的极限间隙和配合公差为

最大间隙：$X_{\max}=D_{\max}-d_{\min}=\mathrm{ES}-\mathrm{ei}=(+0.033)-(-0.098)=0.131$（mm）

最小间隙：$X_{\min}=D_{\min}-d_{\max}=\mathrm{EI}-\mathrm{es}=0-(-0.065)=0.065$（mm）

配合公差：$T_f=\left|X_{\max}-Y_{\max}\right|=0.131-0.065=0.066$（mm）

2.3 公差与基本偏差的国家标准

国家标准是按标准公差系列（公差带大小或公差数值）标准化和基本偏差系列（公差带位置）标准化的原则制订的，下面介绍其构成规则及特征。

2.3.1 标准公差系列

标准公差系列是以国家标准制订的一系列由不同的公称尺寸和不同的公差等级组成的标准公差值。标准公差值是用来确定公差带宽度的任一公差值。

1. 公差单位（标准公差因子）

利用统计法在生产中可发现：在相同的加工条件下，对于公称尺寸相同的零件，可按公差大小评定其尺寸制造精度的高低。但对于公称尺寸不同的零件，就不能仅看公差大小评定其制造精度。那么，为了合理的评定零件的精度等级，需要建立公差单位。下面的公式反映了公差单位与公称尺寸之间的关系。

当公称尺寸≤500 mm 时，标准公差因子 i（单位符号为 μm）的计算公式为

$$i = 0.45\sqrt[3]{D} + 0.001D \tag{2.12}$$

式中 D 为表 2.3 中公称尺寸分段的计算尺寸，其计算公式为 $D=\sqrt{D_1\times D_2}$ 。如 30～50 mm 尺寸段的计算尺寸 $D=\sqrt{30\times50}=38.73$（mm）。然后再将 D 代入到式（2.12）中，计算出公差因子 i。再将 i 代入表 2.1 相应公式中，计算出公差数值，再把尾数化整，得出标准公差数值，标准公差数值表见表 2.3。

在式（2.12）中，第一项主要反映加工误差，第二项用来补偿测量时温度变化引起的与公称尺寸成正比的测量误差。但是随着公称尺寸逐渐增大，第二项的影响越来越显著。

500 mm＜公称尺寸≤3 150 mm 时，标准公差因子 I（单位符号为 μm）的计算公式为

$$I=0.004D+2.1 \tag{2.13}$$

当公称尺寸 > 3 150 mm 时，用式（2.13）来计算标准公差，但不能完全反映误差出现的规律，但目前没有发现更加合理的公式，仍然用式（2.13）来计算。

2. 公差等级

根据公差等级系数的不同，国家标准把标准公差分为 20 个等级，用 IT（ISO Tolerance）加阿拉伯数字表示，即 IT01，IT0，IT1，IT2，…，IT18。从 IT01 到 IT18，公差等级逐渐降低，而相应的标准公差值逐渐增大。

标准公差值是由公差等级系数和标准公差因子的乘积决定的。当公称尺寸 ≤ 500 mm 时，各公差等级的标准公差计算公式见表 2.1。当 500 mm < 公称尺寸 ≤ 3 150 mm 时，各公差等级的标准公差计算公式见表 2.2。

表 2.1　公称尺寸 ≤ 500 mm 的各级标准公差的计算公式

标准公差等级	计算公式	标准公差等级	计算公式	标准公差等级	计算公式
IT01	$0.3+0.008D$	IT6	$10i$	IT13	$250i$
IT0	$0.5+0.012D$	IT7	$16i$	IT14	$400i$
IT1	$0.8+0.02D$	IT8	$25i$	IT15	$640i$
IT2	$(\text{IT1})\left(\dfrac{\text{IT5}}{\text{IT1}}\right)^{\frac{1}{4}}$	IT9	$40i$	IT16	$1\ 000i$
IT3	$(\text{IT1})\left(\dfrac{\text{IT5}}{\text{IT1}}\right)^{\frac{1}{2}}$	IT10	$64i$	IT17	$1\ 600i$
IT4	$(\text{IT1})\left(\dfrac{\text{IT5}}{\text{IT1}}\right)^{\frac{3}{4}}$	IT11	$100i$	IT18	$2\ 500i$
IT5	$7i$	IT12	$160i$		

表 2.2　公称尺寸在 500 ~ 3 150 mm 的各级标准公差的计算公式

标准公差等级	计算公式	标准公差等级	计算公式	标准公差等级	计算公式
IT01		IT6	$10I$	IT13	$250I$
IT0		IT7	$16I$	IT14	$400I$
IT1	$2I$	IT8	$25I$	IT15	$640I$
IT2	$2.7I$	IT9	$40I$	IT16	$1\ 000I$
IT3	$3.7I$	IT10	$64I$	IT17	$1\ 600I$
IT4	$5I$	IT11	$100I$	IT18	$2\ 500I$
IT5	$7I$	IT12	$160I$		

【例 2.3】公称尺寸为 20 mm，求公差等级为 IT6，IT7 的公差数值。

解：公称尺寸为 20 mm，查表 2.3 得，在尺寸段 18 ~ 30 mm，则 $D=\sqrt{18\times30}=23.24$（mm）

标准公差因子 $i=0.45\sqrt[3]{D}+0.001D=0.45\times\sqrt[3]{23.24}+0.001\times23.24=1.31$（μm）

查表 2.1 可得　IT6=10i=10×1.31≈13（μm）　　　　IT7=16i=16×1.31≈21（μm）

表 2.3 标准公差数值

公称尺寸 /mm		标准公差等级																		
		IT01	IT0	IT1	IT2	IT3	IT4	IT5	IT6	IT7	IT8	IT9	IT10	IT11	IT12	IT13	IT14	IT15	IT16	IT17	IT18
>	至	/μm													/mm						
—	3	0.3	0.5	0.8	1.2	2	3	4	6	10	14	25	40	60	0.1	0.14	0.25	0.4	0.6	1	1.4
3	6	0.4	0.6	1	1.5	2.5	4	5	8	12	18	30	48	75	0.12	0.18	0.3	0.48	0.75	1.2	1.8
6	10	0.4	0.6	1	1.5	2.5	4	6	9	15	22	36	58	90	0.15	0.22	0.36	0.58	0.9	1.5	2.2
10	18	0.5	0.8	1.2	2	3	5	8	11	18	27	43	70	110	0.18	0.27	0.43	0.7	1.1	1.8	2.7
18	30	0.6	1	1.5	2.5	4	6	9	13	21	33	52	84	130	0.21	0.33	0.52	0.84	1.3	2.1	3.3
30	50	0.6	1	1.5	2.5	4	7	11	16	25	39	62	100	160	0.25	0.39	0.62	1	1.6	2.5	3.9
50	80	0.8	1.2	2	3	5	8	13	19	30	46	74	120	190	0.3	0.46	0.74	1.2	1.9	3	4.6
80	120	1	1.5	2.5	4	6	10	15	22	35	54	87	140	220	0.35	0.54	0.87	1.4	2.2	3.5	5.4
120	180	1.2	2	3.5	5	8	12	18	25	40	63	100	160	250	0.4	0.63	1	1.6	2.5	4	6.3
180	250	2	3	4.5	7	10	14	20	29	46	72	115	185	290	0.46	0.72	1.15	1.85	2.9	4.6	7.2
250	315	2.5	4	6	8	12	16	23	32	52	81	130	210	320	0.52	0.81	1.3	2.1	3.2	5.2	8.1
315	400	3	5	7	9	13	18	25	36	57	89	140	230	360	0.57	0.89	1.4	2.3	3.6	2.7	8.9
400	500	4	6	8	10	15	20	27	40	63	97	155	250	400	0.63	0.97	1.55	2.5	4	6.3	9.7
500	630	—	—	9	11	16	22	32	44	70	110	175	280	440	0.7	1.1	1.75	2.8	4.4	7	11
630	800	—	—	10	13	18	25	36	50	80	125	200	320	500	0.8	1.25	2	3.2	5	8	12.5
800	1000	—	—	11	15	21	28	40	56	90	140	230	360	560	0.9	1.4	2.3	3.6	5.6	9	14
1000	1250	—	—	13	18	24	33	47	66	105	165	260	420	660	1.05	1.65	2.6	4.2	6.6	10.5	16.5
1250	1600	—	—	15	21	29	39	55	78	125	195	310	500	780	1.25	1.95	3.1	5	7.8	12.5	19.5
1600	2000	—	—	18	25	35	46	65	92	250	230	370	600	920	1.5	2.3	3.7	6	9.2	15	23
2000	2500	—	—	22	30	41	55	78	110	175	280	440	700	1100	1.75	2.8	4.4	7	11	17.5	28
2500	3150	—	—	26	36	50	68	96	135	210	330	540	860	1350	2.1	3.3	5.4	8.6	13.5	21	33

注：① 公称尺寸大于 500 mm 的 IT1～IT5 的标准公差数值为试行值。

② 公称尺寸小于或等于 1 mm 时，无 IT14～IT18。

③ 摘自 GB/T 1800.1—2009。

2.3.2 基本偏差系列

1. 基本偏差及其代号

基本偏差是指两个极限偏差当中靠近零线或位于零线的偏差。

为了满足各种不同配合的需要，国家标准对孔和轴分别规定了 28 种基本偏差。它们用拉丁字母表示，其中孔用大写字母表示，轴用小写字母表示。在 26 个字母中除去 5 个容易和其他参数混淆的字母 I（i），L（l），O（o），Q（q），W（w），其余 21 个字母再加上 7 个双字母 CD（cd），EF（ef），FG（fg），JS（js），ZA（za），ZB（zb），ZC（zc）共计 28 个基本偏差代号。在 28 个基本偏差代号中，JS 和 js 的公差带是关于零线对称的，并且逐渐代替近似对称的基本偏差 J 和 j，它的基本偏差和公差等级有关，而其他基本偏差和公差等级无关。基本偏差代号见表 2.4，基本偏差代号的分布规律如图 2.9 所示。

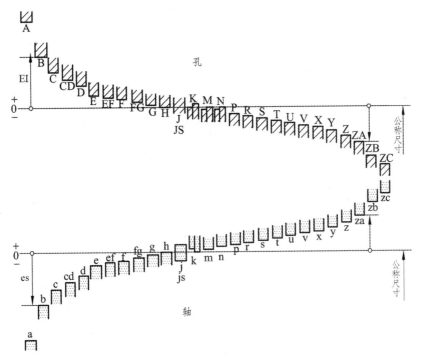

图 2.9　基本偏差代号的分布规律

表 2.4　基本偏差代号

孔或轴		基本偏差	说明
孔	下极限偏差	A，B，C，CD，D，E，EF，F，FG，G，H	H 代表下极限偏差为零的孔（即基准孔），采用的配合制度为基孔制
	上极限偏差或下极限偏差	JS=±ITn／2	
	上极限偏差	J，K，M，N，P，R，S，T，U，V，X，Y，Z，ZA，ZB，ZC	
轴	上极限偏差	a，b，c，cd，d，e，ef，f，fg，g，h	h 代表上极限偏差为零的轴（即基准轴），采用的配合制度为基轴制
	上极限偏差或下极限偏差	js=±ITn／2	
	下极限偏差	j，k，m，n，p，r，s，t，u，v，x，y，z，za，zb，zc	

2. 轴 的 基 本 偏 差

　　轴的基本偏差是在基孔制的基础上制订的。根据大量科学试验和生产实践，总结出了轴的各个基本偏差的计算公式，然后根据公式计算出每个尺寸段的基本偏差数值，将其罗列在轴的基本偏差数值表中，如表 2.5 所示。

　　在表 2.5 中可看出，a～h 的基本偏差是上极限偏差，与基准孔配合是间隙配合，最小间隙正好等于基本偏差的绝对值。

　　js，j，k，m，n 的基本偏差是下极限偏差，与基准孔配合是过渡配合。

　　p～zc 的基本偏差是下极限偏差，与基准孔配合是过盈配合。

　　轴的另一个偏差是根据基本偏差和标准公差的关系，按公式（2.14）计算

$$ei=es-IT \qquad es=ei+IT$$

（2.14）

表 2.5　公称尺寸≤500 mm 轴的基本偏差

基本偏差数值

上极限偏差 es/μm（所有标准公差等级）：a, b, c, cd, d, e, ef, f, fg, g, h；js；下极限偏差 ei/μm（所有标准公差等级）：j, k, m, n, p, r, s, t, u, v, x, y, z, za, zb, zc

公称尺寸/mm >	≤	a	b	c	cd	d	e	ef	f	fg	g	h	js（偏差等于 $\pm\frac{\mathrm{IT}n}{2}$）	j 5,6	j 7	j 8	k 4~7	k ≤3,>7	m	n	p	r	s	t	u	v	x	y	z	za	zb	zc
—	3	-270	-140	-60	-34	-20	-14	-10	-6	-4	-2	0		-2	-4	-6	0	0	+2	+4	+6	+10	+14	—	+18	—	+20	—	+26	+32	+40	+60
3	6	-270	-140	-70	-46	-30	-20	-14	-10	-6	-4	0		-2	-4	—	+1	0	+4	+8	+12	+15	+19	—	+23	—	+28	—	+35	+42	+50	+80
6	10	-280	-150	-80	-56	-40	-25	-18	-13	-8	-5	0		-2	-5	—	+1	0	+6	+10	+15	+19	+23	—	+28	—	+34	—	+42	+52	+67	+97
10	14	-290	-150	-95	—	-50	-32	—	-16	—	-6	0		-3	-6	—	+1	0	+7	+12	+18	+23	+28	—	+33	—	+40	—	+50	+64	+90	+130
14	18	-290	-150	-95	—	-50	-32	—	-16	—	-6	0		-3	-6	—	+1	0	+7	+12	+18	+23	+28	—	+33	+39	+45	—	+60	+77	+108	+150
18	24	-300	-160	-110	—	-65	-40	—	-20	—	-7	0		-4	-8	—	+2	0	+8	+15	+22	+28	+35	—	+41	+47	+54	+63	+73	+98	+136	+188
24	30	-300	-160	-110	—	-65	-40	—	-20	—	-7	0		-4	-8	—	+2	0	+8	+15	+22	+28	+35	+41	+48	+55	+64	+75	+88	+118	+160	+218
30	40	-310	-170	-120	—	-80	-50	—	-25	—	-9	0		-5	-10	—	+2	0	+9	+17	+26	+34	+43	+48	+60	+68	+80	+94	+112	+148	+200	+274
40	50	-320	-180	-130	—	-80	-50	—	-25	—	-9	0		-5	-10	—	+2	0	+9	+17	+26	+34	+43	+54	+70	+81	+97	+114	+136	+180	+242	+325
50	65	-340	-190	-140	—	-100	-60	—	-30	—	-10	0		-7	-12	—	+2	0	+11	+20	+32	+41	+53	+66	+87	+102	+122	+144	+172	+226	+300	+405
65	80	-360	-200	-150	—	-100	-60	—	-30	—	-10	0		-7	-12	—	+2	0	+11	+20	+32	+43	+59	+75	+102	+120	+146	+174	+210	+274	+360	+480
80	100	-380	-220	-170	—	-120	-72	—	-36	—	-12	0		-9	-15	—	+3	0	+13	+23	+37	+51	+71	+91	+124	+146	+178	+214	+258	+335	+445	+585
100	120	-410	-240	-180	—	-120	-72	—	-36	—	-12	0		-9	-15	—	+3	0	+13	+23	+37	+54	+79	+104	+144	+172	+210	+254	+310	+400	+525	+690
120	140	-460	-260	-200	—	-145	-85	—	-43	—	-14	0		-11	-18	—	+3	0	+15	+27	+43	+63	+92	+122	+170	+202	+248	+300	+365	+470	+620	+800
140	160	-520	-280	-210	—	-145	-85	—	-43	—	-14	0		-11	-18	—	+3	0	+15	+27	+43	+65	+100	+134	+190	+228	+280	+340	+415	+535	+700	+900
160	180	-580	-310	-230	—	-145	-85	—	-43	—	-14	0		-11	-18	—	+3	0	+15	+27	+43	+68	+108	+146	+210	+252	+310	+380	+465	+600	+780	+1000

续表

公称尺寸/mm		基本偏差数值																																
		上极限偏差 es/μm													下极限偏差 ei/μm																		
		所有标准公差等级														所有标准公差等级																
>	≤	a	b	c	cd	d	e	ef	f	fg	g	h	js	j (5,6,7)	j (8)	k (4~7)	k (≤3,>7)	m	n	p	r	s	t	u	v	x	y	z	za	zb	zc
180	200	−660	−340	−240	—	−170	−100	—	−50	—	−15	0	偏差等于 ±ITn/2	−13	−21	+4	0	+17	+31	+50	+77	+122	+166	+236	+284	+350	+425	+520	+670	+880	+1150
200	225	−740	−380	−260	—	−170	−100	—	−50	—	−15	0		−13	−21	+4	0	+17	+31	+50	+80	+130	+180	+258	+310	+385	+470	+575	+740	+960	+1250
225	250	−820	−420	−280	—	−170	−100	—	−50	—	−15	0		−13	−21	+4	0	+17	+31	+50	+84	+140	+196	+284	+340	+425	+520	+640	+820	+1050	+1350
250	280	−920	−480	−300	—	−190	−110	—	−56	—	−17	0		−16	−26	+4	0	+20	+34	+56	+94	+158	+218	+315	+385	+475	+580	+710	+920	+1200	+1550
280	315	−1050	−540	−330	—	−190	−110	—	−56	—	−17	0		−16	−26	+4	0	+20	+34	+56	+98	+170	+240	+350	+425	+525	+650	+790	+1000	+1300	+1700
315	355	−1200	−600	−360	—	−210	−125	—	−62	—	−18	0		−18	−28	+4	0	+21	+37	+62	+108	+190	+268	+390	+475	+590	+730	+900	+1150	+1500	+1900
355	400	−1350	−680	−400	—	−210	−125	—	−62	—	−18	0		−18	−28	+4	0	+21	+37	+62	+114	+208	+294	+435	+530	+660	+820	+1000	+1300	+1650	+2100
400	450	−1500	−760	−440	—	−230	−135	—	−68	—	−20	0		−20	−32	+5	0	+23	+40	+68	+126	+232	+330	+490	+595	+740	+920	+1100	+1450	+1850	+2400
450	500	−1650	−840	−480	—	−230	−135	—	−68	—	−20	0		−20	−32	+5	0	+23	+40	+68	+132	+252	+360	+540	+660	+820	+1000	+1250	+1600	+2100	+2600

注：① 公称尺寸小于或等于 1 mm 时，基本偏差 a 和 b 不采用。
② 公差带 js7～js11，若 ITn 的数值为奇数，则取偏差 =±(ITn−1)/2。
③ 摘自 GB/T 1800.1—2009。

3. 孔的基本偏差

对于公称尺寸≤500 mm 的孔的基本偏差是根据轴的基本偏差换算得出的。换算原则是工艺等价和同名配合。

（1）在标准的基孔制与基轴制配合中，应保证孔和轴的工艺等价，即孔和轴的加工难易程度相当。

（2）在孔、轴同级配合或孔比轴低一级的配合中，基轴制配合中孔的基本偏差代号与基孔制配合中轴的基本偏差代号相当时，则此配合为同名配合。同名配合是为了保证基轴制和基孔制的配合性质相同，即极限间隙或极限过盈相同。例如，$\frac{F7}{h6}$ 和 $\frac{H7}{f6}$ 就属于同名配合。

根据上述原则，孔的基本偏差可以按下面两种规则计算。

① 通用规则。

通用规则是指同一个字母表示的孔、轴的基本偏差绝对值相等，符号相反。孔的基本偏差与轴的基本偏差关于零线对称，相当于轴的基本偏差关于零线的倒影，所以又称倒影规则。

对于孔的基本偏差 A ~ H，不论孔、轴是否采用同级配合，都有 EI = -es；对于孔的基本偏差 K ~ ZC，标准公差大于 IT8 的 K，M，N 和大于 IT7 的 P ~ ZC，一般都采用同级配合，按照该规则，则有 ES = -ei。但公称尺寸大于 3 mm 且标准公差大于 IT8 的 N 除外，它的基本偏差 ES=0。

② 特殊规则。

特殊规则是指孔的基本偏差和轴的基本偏差符号相反，绝对值相差一个 $\varDelta$ 值。在较高的公差等级中常采用异级配合，即配合中孔的公差等级常比轴低一级。因为相同公差等级的孔要比相同公差等级的轴难加工。

对于公称尺寸≤500 mm，标准公差≤IT8 的 J，K，M，N 和标准公差小于等于 IT7 的 P ~ ZC，孔的基本偏差 ES 适用特殊规则。可按公式表示为

$$ES=-ei+\varDelta \tag{2.15}$$

式中 $\qquad\qquad \varDelta=ITn-IT(n-1)$

现以过盈配合为例，证明式（2.15）的合理性。在较高的公差等级中常采用异级配合，且要求两种配合制所形成的配合性质相同。那么两种配合制下的最小过盈如下：

基孔制 $\qquad\qquad Y_{min}=ES-ei=(T_h+0)-ei=T_h-ei$

基轴制 $\qquad\qquad Y_{min}=ES-ei=ES-(0-T_s)=ES+T_s$

因两种配合制下的配合性质相同，则 $T_h-ei = ES+T_s$，那么 $ES=-ei+T_h-T_s$。因一般孔比轴公差等级要低一级，则 $T_h=ITn$，$T_s=IT(n-1)$。再令 $T_h-T_s=ITn-IT(n-1)=\varDelta$，所以 $ES=-ei+\varDelta$。

孔的另一个偏差，可根据孔的基本偏差和标准公差的关系，按照下式计算得出。

$$EI=ES-IT \qquad\qquad ES=EI+IT \tag{2.16}$$

按照孔的基本偏差换算原则，国家标准列出了孔的基本偏差数值表，见表 2.6。在孔的基本偏差数值表中查找基本偏差时，一定记得查找表中的修正值"$\varDelta$"。

表 2.6　公称尺寸≤500 mm 孔的基本偏差

基本偏差数值

公称尺寸/mm >	≤	下极限偏差 EI/μm 所有标准公差等级 A	B	C	CD	D	E	EF	F	FG	G	H	JS	J 公差等级 6	J 7	J 8	K ≤8	K >8	上极限偏差 ES/μm M ≤8	M >8	N ≤8	N >8	P~ZC ≤7
—	3	+270	+140	+60	+34	+20	+14	+10	+6	+4	+2	0		+2	+4	+6	0	0	-2	-2	-4	-4	在大于IT7的相应值上增加一个Δ值
3	6	+270	+140	+70	+46	+30	+20	+14	+10	+6	+4	0		+5	+6	+10	-1+Δ	—	-4+Δ	-4	-8+Δ	0	
6	10	+280	+150	+80	+56	+40	+25	+18	+13	+8	+5	0		+5	+8	+12	-1+Δ	—	-6+Δ	-6	-10+Δ	0	
10	14	+290	+150	+95	—	+50	+32	—	+16	—	+6	0	偏差等于±ITn/2	+6	+10	+15	-1+Δ	—	-7+Δ	-7	-12+Δ	0	
14	18	+290	+150	+95	—	+50	+32	—	+16	—	+6	0		+6	+10	+15	-1+Δ	—	-7+Δ	-7	-12+Δ	0	
18	24	+300	+160	+110	—	+65	+40	—	+20	—	+7	0		+8	+12	+20	-2+Δ	—	-8+Δ	-8	-15+Δ	0	
24	30	+300	+160	+110	—	+65	+40	—	+20	—	+7	0		+8	+12	+20	-2+Δ	—	-8+Δ	-8	-15+Δ	0	
30	40	+310	+170	+120	—	+80	+50	—	+25	—	+9	0		+10	+14	+24	-2+Δ	—	-9+Δ	-9	-17+Δ	0	
40	50	+320	+180	+130	—	+80	+50	—	+25	—	+9	0		+10	+14	+24	-2+Δ	—	-9+Δ	-9	-17+Δ	0	
50	65	+340	+190	+140	—	+100	+60	—	+30	—	+10	0		+13	+18	+28	-2+Δ	—	-11+Δ	-11	-20+Δ	0	
65	80	+360	+200	+150	—	+100	+60	—	+30	—	+10	0		+13	+18	+28	-2+Δ	—	-11+Δ	-11	-20+Δ	0	
80	100	+380	+220	+170	—	+120	+72	—	+36	—	+12	0		+16	+22	+34	-3+Δ	—	-13+Δ	-13	-23+Δ	0	
100	120	+410	+240	+180	—	+120	+72	—	+36	—	+12	0		+16	+22	+34	-3+Δ	—	-13+Δ	-13	-23+Δ	0	
120	140	+460	+260	+200	—	+145	+85	—	+43	—	+14	0		+18	+26	+41	-3+Δ	—	-15+Δ	-15	-27+Δ	0	
140	160	+520	+280	+210	—	+145	+85	—	+43	—	+14	0		+18	+26	+41	-3+Δ	—	-15+Δ	-15	-27+Δ	0	
160	180	+580	+310	+230	—	+145	+85	—	+43	—	+14	0		+18	+26	+41	-3+Δ	—	-15+Δ	-15	-27+Δ	0	
180	200	+660	+340	+240	—	+170	+100	—	+50	—	+15	0		+22	+30	+47	-4+Δ	—	-17+Δ	-17	-31+Δ	0	
200	225	+740	+380	+260	—	+170	+100	—	+50	—	+15	0		+22	+30	+47	-4+Δ	—	-17+Δ	-17	-31+Δ	0	
225	250	+820	+420	+280	—	+170	+100	—	+50	—	+15	0		+22	+30	+47	-4+Δ	—	-17+Δ	-17	-31+Δ	0	
250	280	+920	+480	+300	—	+190	+110	—	+56	—	+17	0		+25	+36	+55	-4+Δ	—	-20+Δ	-20	-34+Δ	0	
280	315	+1050	+540	+330	—	+190	+110	—	+56	—	+17	0		+25	+36	+55	-4+Δ	—	-20+Δ	-20	-34+Δ	0	
315	355	+1200	+600	+360	—	+210	+125	—	+62	—	+18	0		+29	+39	+60	-4+Δ	—	-21+Δ	-21	-37+Δ	0	
355	400	+1350	+680	+400	—	+210	+125	—	+62	—	+18	0		+29	+39	+60	-4+Δ	—	-21+Δ	-21	-37+Δ	0	
400	450	+1500	+760	+440	—	+230	+135	—	+68	—	+20	0		+33	+43	+66	-5+Δ	—	-23+Δ	-23	-40+Δ	0	
450	500	+1650	+840	+480	—	+230	+135	—	+68	—	+20	0		+33	+43	+66	-5+Δ	—	-23+Δ	-23	-40+Δ	0	

续表

| 公称尺寸/mm | | 基本偏差数值　上极限偏差 ES/μm | | | | | | | | | | | | Δ | | | | | |
>	≤	P	R	S	T	U	V	X	Y	Z	ZA	ZB	ZC	3	4	5	6	7	8
								>IT7											
—	3	-6	-10	-14	—	-18	—	-20	—	-26	-32	-40	-60	0	0	0	0	0	0
3	6	-12	-15	-19	—	-23	—	-28	—	-35	-42	-50	-80	1	1.5	1	3	4	6
6	10	-15	-19	-23	—	-28	—	-34	—	-42	-52	-67	-97	1	1.5	2	3	6	7
10	14	-18	-23	-28	—	-33	—	-40	—	-50	-64	-90	-130	1	2	3	3	7	9
14	18	-18	-23	-28	—	-33	-39	-45	—	-60	-77	-108	-150	1	2	3	3	7	9
18	24	-22	-28	-35	—	-41	-47	-54	-63	-73	-98	-136	-188	1.5	2	3	4	8	12
24	30	-22	-28	-35	-41	-48	-55	-64	-75	-88	-118	-160	-218	1.5	2	3	4	8	12
30	40	-26	-34	-43	-48	-60	-68	-80	-94	-112	-148	-200	-274	1.5	3	4	5	9	14
40	50	-26	-34	-43	-54	-70	-81	-97	-114	-136	-180	-242	-325	1.5	3	4	5	9	14
50	65	-32	-41	-53	-66	-87	-102	-122	-144	-172	-226	-300	-405	2	3	5	6	11	16
65	80	-32	-43	-59	-75	-102	-120	-146	-174	-210	-274	-360	-480	2	3	5	6	11	16
80	100	-37	-51	-71	-91	-124	-146	-178	-214	-258	-335	-445	-585	2	4	5	7	13	19
100	120	-37	-54	-79	-104	-144	-172	-210	-254	-310	-400	-525	-690	2	4	5	7	13	19
120	140	-43	-63	-92	-122	-170	-202	-248	-300	-365	-470	-620	-800	3	4	6	7	15	23
140	160	-43	-65	-100	-134	-190	-228	-280	-340	-415	-535	-700	-900	3	4	6	7	15	23
160	180	-43	-68	-108	-146	-210	-252	-310	-380	-465	-600	-780	-1 000	3	4	6	7	15	23
180	200	-50	-77	-122	-166	-236	-284	-350	-425	-520	-670	-880	-1 150	3	4	6	9	17	26
200	225	-50	-80	-130	-180	-258	-310	-385	-470	-575	-740	-960	-1 250	3	4	6	9	17	26
225	250	-50	-84	-140	-196	-284	-340	-425	-520	-640	-820	-1 050	-1 350	3	4	6	9	17	26
250	280	-56	-94	-158	-218	-315	-385	-475	-580	-710	-920	-1 200	-1 550	4	4	7	9	20	29
280	315	-56	-98	-170	-240	-350	-425	-525	-650	-790	-1 000	-1 300	-1 700	4	4	7	9	20	29
315	355	-62	-108	-190	-268	-390	-475	-590	-730	-900	-1 150	-1 500	-1 900	4	5	7	11	21	32
355	400	-62	-114	-208	-294	-435	-530	-660	-820	-1 000	-1 300	-1 650	-2 100	4	5	7	11	21	32
400	450	-68	-126	-232	-330	-490	-595	-740	-920	-1 100	-1 450	-1 850	-2 400	5	5	7	13	23	34
450	500	-68	-132	-252	-360	-540	-660	-820	-1 000	-1 250	-1 600	-2 100	-2 600	5	5	7	13	23	34

注：① 公称尺寸≤1 mm 时，基本偏差 A 和 B 不采用。
② 公称尺寸≤1 mm 且公差等级大于 8 级的 N 不采用。
③ 公差带 JS7～JS11，若公差 IT_n 的数值为奇数，则取 JS=±(IT_n-1)/2。
④ 对≤IT8 的 K、M、N 和≤IT7 的 P～ZC 的基本偏差中的 Δ 值从表内右侧选取。例如，18～30 段的 K7：Δ=8 μm，所以 ES=-2+8=6 μm。
⑤ 特殊情况：尺寸段为 250～315 的 M6，ES=-9 μm（代替-11 μm）。
⑥ 摘自 GB/T 1800.1—2009。

【**例 2.4**】用查表法确定 ϕ25 H8/p8 和 ϕ25 P8/h8 孔与轴的极限偏差。

解：查表 2.3 得 IT8=33 μm

轴 p8 的基本偏差为下极限偏差，查表 2.5 得

$$ei=+22 \text{ μm}$$

轴 p8 的上极限偏差为

$$es=ei+IT8=+22+33=+55（μm）$$

孔 H8 的下极限偏差为 0，上极限偏差为

$$ES=EI+IT8=0+33=+33（μm）$$

孔 P8 的基本偏差为上极限偏差，查表 2.6 得

$$ES=-22 \text{ μm}$$

孔 P8 的下极限偏差：

$$EI=ES-IT8=-22-33=-55（μm）$$

轴 h8 的上极限偏差为 0，下极限偏差为

$$ei=es-IT8=0-33=-33（μm）$$

由此得

$$\phi25 \text{ H8} = \phi25^{+0.033}_{0} \text{ mm}, \quad \phi25 \text{ p8} = \phi25^{+0.055}_{+0.022} \text{ mm}$$

$$\phi25 \text{ P8} = \phi25^{-0.022}_{-0.055} \text{ mm}, \quad \phi25 \text{ h8} = \phi25^{0}_{-0.033} \text{ mm}$$

【**例 2.5**】用查表法确定，孔 $\phi40^{+0.039}_{0}$ mm 和轴 $\phi40^{+0.027}_{+0.002}$ mm 的基本偏差代号和标准公差等级。

解：孔的公差值：

$$T_h=ES-EI=+0.039-0=0.039（mm）=39（μm）$$

查表 2.3 得标准公差等级为 IT8

轴的公差值：

$$T_s=es-ei=+0.027-（+0.002）=0.025（mm）=25（μm）$$

查表 2.3 得标准公差等级为 IT7

孔的下极限偏差为 0，查表 2.6 得基本偏差代号为 H。

轴的下极限偏差靠近零线，则确定下极限偏差+2 μm 为基本偏差，查表 2.5 得基本偏差代号为 k。由此得

孔：$\phi40^{+0.039}_{0}$ mm = $\phi40$ H8

轴：$\phi40^{+0.027}_{+0.002}$ mm = $\phi40$ k7

2.4　国家标准规定的公差带与配合

国家标准提供了 20 种公差等级和 28 种基本偏差代号，可组成孔的公差带有 543 种、轴的公差带有 544 种，同时孔和轴又可以组成大量的配合。如此多的公差带和配合都采用显然是不经济的。为减少定值刀具、量具和设备等的数目，对公差带和配合应该加以限制。

2.4.1 孔与轴的常用公差带

在公称尺寸≤500 mm 的常用尺寸段，国家标准推荐了孔、轴的一般、常用和优先选用的公差带。对于轴的一般、常用和优先公差带国家标准规定了 116 种，如图 2.10 所示。其中方框内的 59 种为常用公差带，有阴影的 13 种为优先选用的公差带。

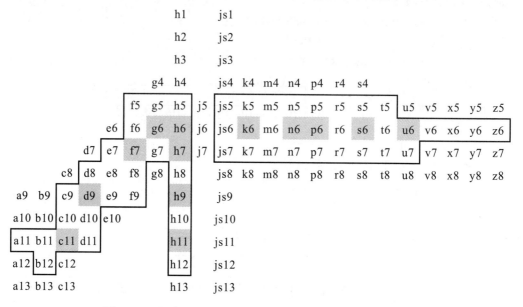

图 2.10　尺寸≤500 mm 的轴的一般、常用和优先公差带

对于孔的一般、常用和优先公差带国家标准规定了 105 种，如图 2.11 所示。其中方框内的 44 种为常用公差带，有阴影的 13 种为优先选用的公差带。

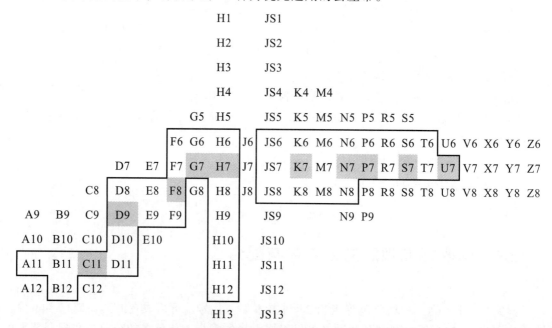

图 2.11　尺寸≤500 mm 孔的一般、常用和优先公差带

2.4.2　孔与轴的常用配合

国家标准在推荐了孔、轴公差带选用的基础上，还推荐了孔、轴公差带的配合选用。

基孔制配合规定了 59 种常用配合，如表 2.7 所示，其中黑体的 13 种为优先配合。在表 2.7 中可以看出，与基准孔进行配合，当轴的标准公差等级小于或等于 IT7 时，轴是与低一级的基准孔相配合；大于或等于 IT8 时，轴是与同级的基准孔配合。

表 2.7　基孔制优先、常用配合

基准孔	轴																				
	a	b	c	d	e	f	g	h	js	k	m	n	p	r	s	t	u	v	x	y	z
	间隙配合								过渡配合			过盈配合									
H6						$\frac{H6}{f5}$	$\frac{H6}{g5}$	$\frac{H6}{h5}$	$\frac{H6}{js5}$	$\frac{H6}{k5}$	$\frac{H6}{m5}$	$\frac{H6}{n5}$	$\frac{H6}{p5}$	$\frac{H6}{r5}$	$\frac{H6}{s5}$	$\frac{H6}{t5}$					
H7						$\frac{H7}{f6}$	$\mathbf{\frac{H7}{g6}}$	$\mathbf{\frac{H7}{h6}}$	$\frac{H7}{js6}$	$\mathbf{\frac{H7}{k6}}$	$\frac{H7}{m6}$	$\mathbf{\frac{H7}{n6}}$	$\frac{H7}{p6}$	$\frac{H7}{r6}$	$\mathbf{\frac{H7}{s6}}$	$\frac{H7}{t6}$	$\mathbf{\frac{H7}{u6}}$	$\frac{H7}{v6}$	$\frac{H7}{x6}$	$\frac{H7}{y6}$	$\frac{H7}{z6}$
H8				$\frac{H8}{e7}$		$\mathbf{\frac{H8}{f7}}$	$\frac{H8}{g7}$	$\mathbf{\frac{H8}{h7}}$	$\frac{H8}{js7}$	$\frac{H8}{k7}$	$\frac{H8}{m7}$	$\frac{H8}{n7}$	$\frac{H8}{p7}$	$\frac{H8}{r7}$	$\frac{H8}{s7}$	$\frac{H8}{t7}$	$\frac{H8}{u7}$				
H8			$\frac{H8}{d8}$	$\frac{H8}{e8}$	$\frac{H8}{f8}$			$\frac{H8}{h8}$													
H9			$\frac{H9}{c9}$	$\mathbf{\frac{H9}{d9}}$	$\frac{H9}{e9}$	$\frac{H9}{f9}$		$\mathbf{\frac{H9}{h9}}$													
H10			$\frac{H10}{c10}$	$\frac{H10}{d10}$				$\frac{H10}{h10}$													
H11	$\frac{H11}{a11}$	$\frac{H11}{b11}$	$\mathbf{\frac{H11}{c11}}$	$\frac{H11}{d11}$				$\mathbf{\frac{H11}{h11}}$													
H12		$\frac{H12}{b12}$						$\frac{H12}{h12}$													

注：① $\frac{H6}{n5}$，$\frac{H7}{p6}$ 在公称尺寸小于或等于 3 mm 和 $\frac{H8}{r6}$ 在公称尺寸小于或等于 100 mm 时，为过渡配合。

② 标注加粗黑体的配合为优先配合。

基轴制配合规定了 47 种常用配合，如表 2.8 所示，其中黑体的 13 种为优先配合。在表 2.8 中可以看出，与基准轴进行配合，当孔的标准公差等级小于 IT8 或少数等于 IT8 时，孔是与高一级的基准轴相配合，其余的公差等级的孔则与同级的基准轴相配合。

表 2.8　基轴制优先、常用配合

基准轴	轴																				
	A	B	C	D	E	F	G	H	JS	K	M	N	P	R	S	T	U	V	X	Y	Z
	间隙配合								过渡配合			过盈配合									
h5						$\frac{F6}{h5}$	$\frac{G6}{h5}$	$\frac{H6}{h5}$	$\frac{JS6}{h5}$	$\frac{K6}{h5}$	$\frac{M6}{h5}$	$\frac{N6}{h5}$	$\frac{P6}{h5}$	$\frac{R6}{h5}$	$\frac{S6}{h5}$	$\frac{T6}{h5}$					
h6						$\frac{F7}{h6}$	$\mathbf{\frac{G7}{h6}}$	$\mathbf{\frac{H7}{h6}}$	$\frac{JS7}{h6}$	$\mathbf{\frac{K7}{h6}}$	$\frac{M7}{h6}$	$\mathbf{\frac{N7}{h6}}$	$\mathbf{\frac{P7}{h6}}$	$\frac{R7}{h6}$	$\mathbf{\frac{S7}{h6}}$	$\frac{T7}{h6}$	$\mathbf{\frac{U7}{h6}}$				
h7					$\frac{E8}{h7}$	$\mathbf{\frac{F8}{h7}}$		$\mathbf{\frac{H8}{h7}}$	$\frac{JS8}{h7}$	$\frac{K8}{h7}$	$\frac{M8}{h7}$	$\frac{N8}{h7}$									

基准轴	轴																				
	A	B	C	D	E	F	G	H	JS	K	M	N	P	R	S	T	U	V	X	Y	Z
	间隙配合								过渡配合				过盈配合								
h8				$\underline{\frac{D8}{h8}}$	$\underline{\frac{E8}{h8}}$	$\underline{\frac{F8}{h8}}$		$\underline{\frac{H8}{h8}}$													
h9				$\mathbf{\underline{\frac{D9}{h9}}}$	$\frac{E9}{h9}$	$\frac{F9}{h9}$		$\mathbf{\underline{\frac{H9}{h9}}}$													
h10				$\underline{\frac{D10}{h10}}$				$\underline{\frac{H10}{h10}}$													
h11	$\underline{\frac{A11}{h11}}$	$\frac{B11}{h11}$	$\mathbf{\frac{C11}{h11}}$	$\underline{\frac{D11}{h11}}$				$\mathbf{\underline{\frac{H11}{h11}}}$													
h12		$\frac{B12}{h12}$						$\underline{\frac{H12}{h12}}$													

注：① $\frac{N6}{h5}$，$\frac{P7}{h6}$ 在公称尺寸小于或等于 3 mm 时，为过渡配合。

② 标注加粗黑体的配合为优先配合。

2.5 常用尺寸公差与配合的选用

尺寸公差与配合的选用是机械设计和制造中一个非常重要的环节。公差与配合选用是否合适，直接影响到机器的使用性能、寿命、互换性和经济性。在设计工作中，公差与配合的选用主要包括配合制的选用、公差等级的选用和配合种类的选用。

2.5.1 配合制的选用

配合制主要包括两种，即基孔制和基轴制，而特殊情况下也会选用非基准制配合。在设计工作中，为了减少定值刀具（如钻头、铰刀等）和量具的规格与种类，考虑到经济性，应该优先选用基孔制。

但是有些情况下采用基轴制却比较经济合理。例如：

（1）在农业机械、纺织机械、建筑机械中经常使用具有一定公差等级的冷拉钢材直接作轴，不需要进行再加工。这种情况下，应该选用基轴制。

（2）同一公称尺寸的轴上装配几个零件而且配合性质不同时，应该选用基轴制。如图 2.12（a）所示内燃机中活塞销 2 与活塞孔 1 和连杆套筒 3 的配合。根据使用要求，活塞销与活塞孔的配合为过渡配合，活塞销与连杆套筒的配合为间隙配合。如果两组配合都选用基孔制配合，三处配合分别为 H6/m5，H6/h5 和 H6/m5，公差带如图 2.12（b）所示。如果都选用基轴制配合，三处配合分别为 M6/h5，H6/h5 和 M6/h5，公差带如图 2.12（c）所示。选用基孔制时，必须把轴做成阶梯轴才能满足各部分的配合要求，这种轴不利于加工和装配；如果选用基轴制，就可把轴做成光轴，既便于加工，又利于装配。

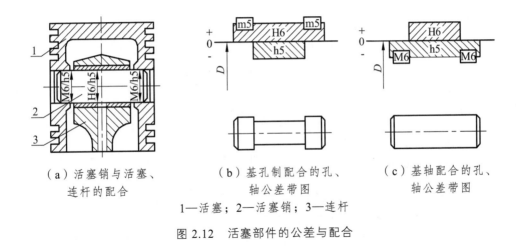

（a）活塞销与活塞、连杆的配合　　（b）基孔制配合的孔、轴公差带图　　（c）基轴配合的孔、轴公差带图

1—活塞；2—活塞销；3—连杆

图 2.12　活塞部件的公差与配合

（3）与标准件或标准部件配合的孔或轴，必须以标准件为基准件来选择配合制。例如，滚动轴承内圈和轴颈的配合必须采用基孔制，外圈和壳体的配合必须采用基轴制。

此外，在一些经常拆卸和精度要求不高的特殊场合可以采用非基准制。比如滚动轴承端盖凸缘与箱体孔的配合，轴上用来轴向定位的隔套与轴的配合，采用的都是非基准制，如图 2.13 所示。

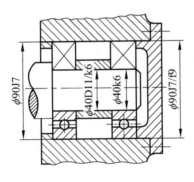

图 2.13　非基准制配合

2.5.2　公差等级的选用

公差等级选择的基本原则就是在能够满足使用要求的前提下，应尽量选择低的公差等级。

公差等级的选择除遵循上述原则外，还应考虑以下问题。

1. 工艺等价性

在确定有配合的孔、轴的公差等级的时候，还应该考虑到孔、轴的工艺等价性。公称尺寸 ≤500 mm 且标准公差 ≤IT8 的孔比同级的轴加工更困难，国家标准推荐孔与比它高一级的轴配合；公称尺寸 ≤500 mm 且标准公差 >IT8 的孔以及公称尺寸 >500 mm 的孔，测量精度容易保证，国家标准推荐孔、轴采用同级配合。

2. 了解各公差等级的应用范围

具体的公差等级的选择，可参考国家标准推荐的公差等级的应用范围（见表 2.9）。

表 2.9 各公差等级应用范围

应用范围	公差等级（IT）																			
	01	0	1	2	3	4	5	6	7	8	9	10	11	12	13	14	15	16	17	18
量块	✔	✔	✔																	
量规			✔	✔	✔	✔	✔	✔	✔											
配合尺寸							✔	✔	✔	✔	✔	✔	✔	✔						
特别精密配合				✔	✔	✔	✔													
非配合尺寸														✔	✔	✔	✔	✔	✔	✔
原材料尺寸										✔	✔	✔	✔	✔	✔	✔				

3. 熟悉各加工方法的加工精度

具体各种加工方法所能达到的加工精度如表 2.10 所示。

表 2.10 各加工方法的加工精度

加工方法	公差等级（IT）																			
	01	0	1	2	3	4	5	6	7	8	9	10	11	12	13	14	15	16	17	18
研磨	✔	✔	✔	✔	✔	✔	✔													
珩磨						✔	✔	✔	✔											
圆磨、平磨							✔	✔	✔	✔										
金刚石车、镗							✔	✔	✔											
拉削							✔	✔	✔	✔										
铰孔								✔	✔	✔	✔	✔								
精车精镗									✔	✔	✔									
粗车、粗镗												✔	✔	✔						
铣										✔	✔	✔	✔							
刨、插												✔	✔							
钻削												✔	✔	✔	✔					
冲压												✔	✔	✔	✔	✔				
滚压、挤压												✔	✔							
锻造																	✔	✔		
砂型铸造																	✔	✔		
金属型铸造																	✔	✔		
气割																	✔	✔	✔	✔

4. 相关件和相配件的精度

例如，齿轮孔与轴的配合，它们的公差等级决定于相关件齿轮的精度等级，与标准件滚动轴承相配合的外壳孔和轴颈的公差等级决定于相配件滚动轴承的公差等级。

5. 加工成本

为了降低成本，对于一些精度要求不高的配合，孔、轴的公差等级可以相差 2~3 级，如图 2.13 所示，轴承端盖凸缘于箱体孔的配合为 $\phi 90$ J7/f9，它们的公差等级相差 2 级。

2.5.3　配合种类的选择

在设计中，根据使用要求，应尽可能地选用优先配合或常用配合。若优先配合和常用配合都不能满足使用要求，则可选标准中推荐的一般用途的孔、轴公差带。若仍不能满足使用要求，还可以从国家标准规定的轴公差带和孔公差带中选取合适的公差带，组成所需配合类型。

确定了基准制以后，根据使用要求选择配合的步骤包括配合公差的大小，确定与基准件相配的孔、轴的基本偏差代号，同时确定基准件及配合件的公差等级。

对于间隙配合，由于基本偏差的绝对值等于最小间隙，故可按最小间隙确定基本偏差代号；对于过盈配合，在确定基准件的公差带等级后，即可按最小过盈选定配合件的基本偏差代号，并根据配合公差的要求确定孔、轴公差等级。

机器的质量大多取决于对其零部件所规定的配合及其技术条件是否合理，许多零件的尺寸公差，都是由配合的要求所决定的，一般选用配合的方法有 3 种：计算法、试验法和类比法。

1. 计算法

计算法是根据一定的理论和公式，计算出所需的间隙或过盈。若两零件结合面间的间隙或过盈量给定后，可以通过计算并查表确定其配合。但因为影响配合的间隙量和过盈量的因素有很多，所以计算出来的结果也只是近似，在实际应用中还需经过试验来加以确定。

【例 2.6】　有一孔、轴配合，公称尺寸为 $\phi 100$ mm，要求配合的过盈或间隙在 -0.048~ +0.041 mm。试确定此配合的孔、轴公差带和公差带代号。

解：（1）选择基准制。

由于没有特殊要求，应优先选用基孔制，即孔的基本偏差代号为 H。

（2）确定孔、轴公差等级。

由给定条件可知，此孔、轴结合为过渡配合，其允许的配合公差为

$$T_f = \left| X_{max} - Y_{max} \right| = 0.041 - (-0.048) = 0.089 （mm）$$

因为 $T_f = T_h + T_s = 0.089$（mm），假设孔与轴为同级配合，则

$$T_h = T_s = T_f/2 = 0.089/2 = 0.044\ 5 （mm） = 44.5 （\mu m）$$

查表 2.3 可知，44.5 μm 介于 IT7=35 μm 和 IT8=54 μm 之间，而在这个公差等级范围内，国家标准要求孔比轴低一级的配合，于是取孔公差等级为 IT8，轴公差等级为 IT7，则

$$\text{IT7+IT8}=0.035+0.054=0.089\ (\text{mm})\leqslant T_{\text{f}}$$

（3）确定轴的基本偏差代号。

由于采用的是基孔制配合，则孔的公差带代号为 H8，孔的基本偏差为 EI=0，孔的上极限偏差 ES=+0.054 mm。

根据 X_{max}=ES-ei=0.041（mm），所以轴的下极限偏差 ei=ES-X_{max}=+0.054-0.041=+0.013（mm）。查表 2.5 知，轴的基本偏差代号为 m，即轴的公差带代号为 m7。

（4）选择轴和孔的配合。

$$\phi100\frac{\text{H8}\binom{+0.054}{0}}{\text{m7}\binom{+0.048}{+0.013}}$$

（5）验算。

$$X'_{max}=\text{ES-ei}=+0.054-(+0.013)=0.041\ \text{mm}$$
$$Y'_{max}=\text{EI-es}=0-(+0.048)=-0.048\ \text{mm}$$

则，$X'_{max}\leqslant X_{max}$ 且 $Y'_{max}\geqslant Y_{max}$ 满足要求。

实际应用时，计算出的公差数值和极限偏差数值不一定与表中的数据正好一致，此时，应按照实际的精度要求，适当选择。

2. 试验法

对产品性能影响最大的一些配合，往往用试验法来确定机器最佳工作性能的间隙或过盈。例如，风镐锤体与镐筒配合的间隙量对风镐工作性能有很大影响，一般采用试验法更为可靠。但这种方法需大量试验，成本较高。

3. 类比法

类比法是按同类型机器或机构中，经过生产实践验证的已用配合的实用情况，再考虑所设计的机器的使用要求，参照确定需要的配合。

在实际生产中，广泛使用的还是类比法，这种方法要求设计者必须具备较丰富的实际知识和经验，要充分的了解零件的工作条件和使用要求，了解各种配合的特性和应用。

表 2.11 列出轴的各种基本偏差的应用，表 2.12 列出优先配合的选用说明，表 2.13 列出工作条件对配合松紧的要求。可供选择配合时参考。

表 2.11　轴的各种基本偏差的应用

配合	基本偏差	配合特性及应用
	a，b	可得到特别大的间隙，应用很少
间隙配合	c	可得到很大的间隙，一般适用于缓慢，松弛的动配合。用于工作条件较差，受力变形大，或为了便于装配，而必须保证有较大的间隙时，推荐配合为 H11/c11；其较高等级的配合，如 H8/c7 适用于轴在高温工作的紧密配合，如内燃机排气阀和套管
	d	配合一般用于 IT7～IT11 级，适用于松的转动配合，如密封盖、滑轮、空转带轮等与轴的配合。也适用于大直径滑动轴承配合，如汽轮机、球磨机、轧滚成形和重型弯曲机及其他重型机械中的一些滑动支撑

续表

配合	基本偏差	配合特性及应用
间隙配合	e	多用于 IT7～IT9 级，通常适用要求有明显间隙，易于转动的支撑配合，如大跨距支撑、多支点支撑等配合。高等级的 e 轴适用于大的、高速、重载支撑，如涡轮发电机、大电动机的支承及内燃机主要轴承、凸轮轴支承、摇臂支承等配合
	f	多用于 IT6～IT8 级的一般转动配合。温度影响不大时，被广泛用于普通润滑油润滑支承，如齿轮箱，小电动机等转轴与滑动支承的配合
	g	配合间隙很小，制造成本高，除很轻负荷精密装置外不推荐用于转动配合。多用于 IT5～IT7 级，最适合不回转的精密滑动配合，也用于插销定位配合，如精密连杆轴承、活塞、滑阀、连杆销等
	h	多用于 IT4～IT11 级。广泛用于无相对转动的零件，作为一般的定位配合。若没有温度、变形影响，也用于精密滑动配合
过渡配合	js	偏差完全对称（±IT/2），平均间隙较小的配合，多用于 IT4～IT7 级，要求间隙比 h 轴小，并允许略有过盈的定位配合。如联轴器，可用手或木槌装配
	k	平均间隙接近于零的配合，适用于 IT4～IT7 级。推荐用于稍有过盈的定位配合。例如为了消除振动用的定位配合，一般用木槌装配
	m	平均过盈较小的配合。适用于 IT4～IT7 级，一般可用木槌装配，但在最大过盈时，要求相当的压入力
	n	平均过盈比 m 轴稍大，很少得到间隙，适用 IT4～IT7 级，用锤或压力机装配，通常推荐用于紧密的组件配合，H6/n5 配合时为过盈配合
过盈配合	p	与 H6 或 H7 配合时是过盈配合，与 H8 孔配合时则为过渡配合。对非铁类零件，为较轻的压入配合，当需要时易于拆卸。对钢、铸铁或铜、钢组件装配是标准压入配合
	r	对铁类零件为中等打入配合，对非铁类零件，为轻打入的配合，当需要时可以拆卸。与 H8 孔配合，直径在 100 mm 以上时为过盈配合，直径小为过渡配合
	s	用于钢和铁制零件的永久性和半永久装配，可产生相当大的结合力。当用弹性材料，如轻合金时，配合性质与铁类零件的 p 轴相当。例如套环压装在轴上、阀座等配合。尺寸较大时，为了避免损伤配合表面，需用热胀或冷缩法装配
	t	过盈较大的配合，对钢和铸铁零件适于作永久性结合，不用键可传递力矩，需用热胀或冷缩的方法装配，例如联轴器与轴的配合
	u	这种配合过盈很大，一般应验算在最大过盈时工件材料是否损坏，要用热胀或冷缩的方法装配，例如火车轮毂与轴的配合
	v, x, y, z	这些基本偏差所组成的配合过盈量过大，一般不推荐

表 2.12　优先配合的选用说明

优先配合		说　明
基孔制	基轴制	
H11/c11	C11/h11	间隙非常大，用于很松的，转动很慢的间隙配合，要求大公差与大间隙的外露组件，要求装配方便的很松的配合
H9/d9	D9/h9	间隙很大的自由转动配合，用于精度为非主要要求时，或有大的温度变动，高转速或大的轴轴颈压力时

优先配合		说　明
基孔制	基轴制	
H8/f7	F8/h7	间隙不大的转动配合，用于中等转速与中等轴颈压力的精确转动，也用于装配较易的中等定位配合
H7/g6	G7/h6	间隙很小的滑动配合，用于不希望自由转动，但可自由转动和滑动并精密定位时，也可用于要求明确的定位配合
H7/h6	H7/h6	均为间隙配合，零件可自由装拆，而工作时一般相对静止不动。在最大实体条件下的间隙为零，在最小实体条件下的间隙由公差等级决定
H8/h7	H8/h7	
H9/h9	H9/h9	
H11/h11	H11/h11	
H7/k6	K7/h6	过渡配合，用于精密定位
H7/n6	N7/h6	过渡配合，用于允许有较大过盈的更精密定位
H7/p6	P7/h6	过盈定位配合，即小过盈配合，用于定位精度特别重要时，能以最好的定位精度达到部件的刚性及对中的性能要求，而对内孔承受压力无特殊要求，不依靠配合的紧固性传递摩擦负荷
H7/s6	S7/h6	中等压入配合，适用于一般钢件，或用于薄壁件的冷缩配合，用于铸铁件可得到最紧的配合
H7/u6	U7/h6	压入配合，适用于可以受高压力的零件或不宜承受大压力的冷缩配合

表 2.13　工作条件对配合松紧的要求

工作条件	过盈	间隙	工作条件	过盈	间隙
经常装拆	减少		装配时可能歪斜		增大
工作时孔的温度比轴低	减少	增大	旋转速度高	增大	增大
工作时轴的温度比孔低	增大	减少	有轴向运动	减少	增大
形状和位置误差较大	减少	增大	表面较粗糙	增大	减少
有冲击和振动	增大	减少	装配精度高	减少	减少
配合长度较大	减少	增大	对中性要求高	减少	减少

2.6　一般公差　线性尺寸的未注公差

2.6.1　线性尺寸的一般公差的概念

线性尺寸的一般公差是在车间普通工艺条件下，机床设备一般加工能力可保证的公差。在正常维护和操作情况下，它代表经济加工精度。

采用一般公差的尺寸在正常车间精度保证的条件下，一般可不检验。应用一般公差可简化制图，使图样清晰易读；节省图样设计时间，设计人员只要熟悉和应用一般公差的规定，可不必逐一考虑其公差值；突出了图样上注出公差的尺寸，以便在加工和检验时引起重视。

2.6.2　有关国标规定

线性尺寸的一般公差有 4 个等级，从高到低依次为精密级（f）、中等级（m）、粗糙级（c）、最粗级（v）。公差等级越低，公差数值越大。线性尺寸、倒圆半径和倒角高度尺寸、角度尺寸的极限偏差数值如表 2.14 ~ 表 2.16 所示。

表 2.14　线性尺寸的极限偏差数值　　　　　　　　　　mm

公差等级	尺寸分段							
	0.5 ~ 3	>3 ~ 6	>6 ~ 30	>30 ~ 120	>120 ~ 400	>400 ~ 1 000	>1 000 ~ 2 000	>2 000 ~ 4 000
精密级 f	±0.05	±0.05	±0.1	±0.15	±0.2	±0.3	±0.5	—
中等级 m	±0.1	±0.1	±0.2	±0.3	±0.5	±0.8	±1.2	±2
粗糙级 c	±0.2	±0.3	±0.5	±0.8	±1.2	±2	±3	±4
最粗级 v	—	±0.5	±1	±1.5	±2.5	±4	±6	±8

表 2.15　倒圆半径和倒角高度尺寸的极限偏差数值　　　　　　mm

公差等级	尺寸分段			
	0.5 ~ 3	>3 ~ 6	>6 ~ 30	>30
精密级 f	±0.2	±0.5	±1	±2
中等级 m				
粗糙级 c	±0.4	±1	±2	±4
最粗级 v				

注：倒圆半径和倒角高度的含义参见 GB/T 6403.4—2008《零件倒圆与倒角》。

表 2.16　角度尺寸的极限偏差数值　　　　　　　　　　mm

公差等级	长度分段				
	~ 10	>10 ~ 50	>50 ~ 120	>120 ~ 400	>400
精密级 f	±1°	±30′	±20′	±10′	±5′
中等级 m					
粗糙级 c	±1°30′	±1°	±30′	±15′	±10′
最粗级 v	±3°	±2°	±1°	±30′	±20′

2.6.3　线性尺寸的一般公差的表示方法

线性尺寸的一般公差主要用于较低精度的非配合尺寸。当功能上允许的公差等于或大于一般公差时，均应采用一般公差。采用国标规定的一般公差时，在图样中的尺寸后面不注出公差，而是在图样上、技术文件或标准中用本标准号和公差等级符号来表示。例如，选用中等级时，表示为 GB/T 1804—m；选用粗糙级时，表示为 GB/T 1804—c。

第3章 几何公差

【学习目标】

（1）熟记 14 个几何公差特征项目的名称及其符号。

（2）学会分析典型的几何公差带的形状、大小和位置，并比较形状公差带、方向公差带、位置公差带和跳动公差带的特点。

（3）掌握几何公差在图样中的标注方法。

（4）理解公差原则（独立原则、相关要求）在图样上的标注、含义和主要应用场合。

3.1 概 述

零件在加工过程中，不论加工设备如何精密，方法如何可靠，都不可避免地会出现误差。除了尺寸方面的误差外，还会存在各种形状和位置方面的误差。实际加工所得到的零件形状和几何体的相互位置相对于其理想的形状和位置关系存在差异，这就是几何误差。

几何误差的存在是不可避免的，同时也无须绝对消除这些误差，只需根据具体的功能要求，把误差控制在一定的范围内即可，有了允许的变动范围便可实现互换性生产。因此，在机械产品设计过程中，要对零件作几何公差设计，以保证产品质量，满足所需要的性能要求。

本章主要介绍关于几何公差的国家标准，主要包括：

GB/T 1182—2008《产品几何技术规范（GPS）几何公差　形状、方向、位置和跳动公差标注》；

GB/T 4249—2009《产品几何技术规范（GPS）公差原则》；

GB/T 16671—2009《产品几何技术规范（GPS）几何公差　最大实体要求、最小实体要求和可逆要求》；

GB/T 17851—2010《产品几何技术规范（GPS）几何公差　基准和基准体系》；

GB/T 1184—1996《形状和位置公差　未注公差值》。

3.1.1 几何公差的研究对象

几何公差的研究对象是构成零件几何特征的点、线、面，这些统称为要素。

一般在研究形状公差时，涉及的对象有线和面两类要素，在研究位置公差时，涉及的对象有点、线、面三类要素。几何公差就是研究这些要素在形状及其相互间方向或位置方面的精度问题。

　　几何要素可从不同角度分类如下：

1. 按结构特征分类

　　（1）组成要素（轮廓要素），即构成零件外形为人们直接感觉到的点、线、面，如图3.1所示。

　　（2）导出要素（中心要素），即组成要素对称中心所表示的点、线、面，其特点是不能为人们直接感觉到，而是通过相应的轮廓要素才能体现出来，如零件上的中心面、中心线、中心点等（见图3.1）。

2. 按存在状态分类

　　（1）提取要素，即零件上实际存在的要素，可以通过测量反映出来的要素代替。

　　（2）理想要素，它是具有几何意义的要素，是按设计要求，由图样给定的点、线、面的理想形态，它不存在任何误差。理想要素是作为评定提取要素的依据，在生产中是不可能得到的。

3. 按所处部位分类

　　（1）被测要素，即图样中给出了几何公差要求的要素，是测量的对象。如图 3.2（a）中 ϕ16H7 孔的轴线和图 3.2（b）中的上平面。

　　（2）基准要素，即用来确定被测要素方向和位置的要素。基准要素在图样上都标有基准符号或基准代号，如图3.2（a）中 ϕ30h6 的轴线和图3.2（b）中的下平面。

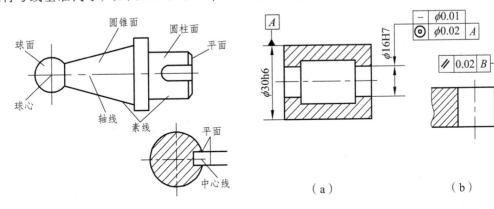

图 3.1　组成要素和导出要素　　　　图 3.2　基准要素和被测要素

4. 按功能关系分类

　　（1）单一要素，指仅对被测要素本身给出形状公差的要素。如图3.2（a）中 ϕ16H7 孔的轴线，当测量其直线度时，则此时的轴线为单一要素。

　　（2）关联要素，即与零件基准要素有功能要求关系的要素。如图3.2（a）中 ϕ16H7 孔的轴线，相对于 ϕ30h6 圆柱面轴线有同轴度公差要求，此时 ϕ16H7 的轴线属关联要素。同理，图3.2（b）中的上平面相对于下平面有平行度要求，故上平面属关联要素。

3.1.2 几何公差的项目及其符号

GB/T 1182—2008《产品几何技术规范（GPS）几何公差 形状、方向、位置和跳动公差标注》将几何公差共分为 14 个项目，其中形状公差 4 个项目，轮廓公差 2 个项目，方向公差 3 个项目，位置公差 3 个项目及跳动公差 2 个项目。几何公差的每一项目都规定了专门的符号，见表 3.1。附加符号见表 3.2。

表 3.1 几何公差的项目及其符号

公差类型	几何特征	符号	有无基准	公差类型	几何特征	符号	有无基准
形状公差	直线度	—	无	位置公差	位置度	⊕	有或无
	平面度	▱			同心度（用于中心点）	◎	有
	圆度	○					
	圆柱度	⌭			同轴度（用于轴线）	◎	
	线轮廓度	⌒					
	面轮廓度	⌓			对称度	═	
方向公差	平行度	//	有		线轮廓	⌒	
	垂直度	⊥			面轮廓	⌓	
	倾斜度	∠		跳动公差	圆跳动	↗	有
	线轮廓度	⌒			全跳动	⌁	
	面轮廓度	⌓					

表 3.2 几何公差附加符号

符号含义说明	符号	符号含义说明	符号
包容要求	Ⓔ	公共公差带	CZ
最大实体要求	Ⓜ	小径	LD
最小实体要求	Ⓛ	大径	MD
可逆要求	Ⓡ	中径、节径	PD
延伸公差带	Ⓟ	线索	LE
自由状态条件（非刚性条件）	Ⓕ	不凸起	NC
全周（轮廓）	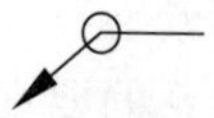 ⌀	任意横截面	ACS

3.2　几何公差的标注

3.2.1　几何公差代号

1. 公差框格

如图 3.3 所示，公差框格在图样上一般应水平放置，若有必要，也允许竖直放置。对于水平放置的公差框格，应由左往右依次填写公差项目、公差值及有关符号、基准字母及有关符号。基准可多至 3 个，但先后有别，基准字母代号前后排列不同将有不同的含义。对于竖直放置的公差框格，应该由下往上填写有关内容。公差框格的个数 2~5 格由需要填写的内容决定。

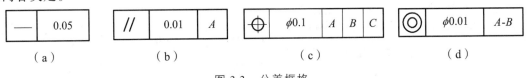

—	0.05		//	0.01	A		⊕	$\phi 0.1$	A	B	C		◎	$\phi 0.01$	A-B
（a）			（b）				（c）						（d）		

图 3.3　公差框格

2. 指引线

公差框格用指引线与被测要素联系起来，指引线由细实线和箭头构成，它从公差框格的一端引出，并保持与公差框格端线垂直，引向被测要素时允许弯折，但不得多于两次。指引线的箭头应指向公差带的宽度方向或径向，如图 3.4 所示。

3. 基准符号

基准符号由带方框的大写字母用细实线与一黑或白三角形相连而组成。无论基准符号的方向如何，字母都应水平书写，如图 3.5 所示。

单一基准要素的名称用大写拉丁字母 A，B，C，…表示。为不致引起误解。字母 E，F，I，J，L，M，O，P，R 不得采用。基准的表达主要包括 3 类：① 单一基准，用一个字母表示，如图 3.3（b）所示；② 基准体系，用多个字母表示，如图 3.3（c）所示，越靠近公差值的基准越重要；③ 公共基准，两个字母中间用短线连接，并放在同一框格里，如图 3.3（d）所示。

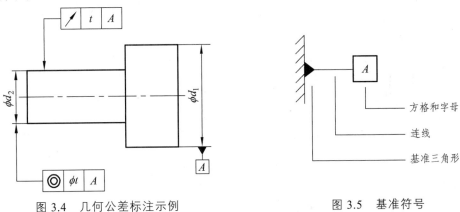

图 3.4　几何公差标注示例　　　　　　　　图 3.5　基准符号

3.2.2　几何公差的标注方法

1. 被测要素的标注

标注被测要素时，要特别注意公差框格的指引线箭头所指的位置和方向，箭头的位置和方向不同将有不同的公差要求解释，因此，要严格按国家标准的规定进行标注。

当被测要素为组成要素（轮廓要素）时，指示箭头应指在被测表面的可见轮廓线上，也可指在轮廓线的延长线上，且必须与尺寸线明显地错开，如图 3.6（a）、（b）所示。对视图中的一个面提出几何公差要求，有时可在该面上用一小黑点引出参考线，公差框格的指引线箭头则指在参考线上，如图 3.6（c）所示。

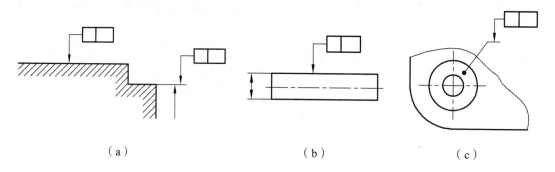

（a）　　　　　　　　　　　　（b）　　　　　　　　　　　　（c）

图 3.6　被测要素为组成要素的标注

当被测要素为导出要素（中心要素）如中心点、圆心、轴线、中心线、中心平面时，指引线的箭头应对准尺寸线，即与尺寸线的延长线相重合。若指引线的箭头与尺寸线的箭头方向一致时，可合并为一个，如图 3.7 所示。

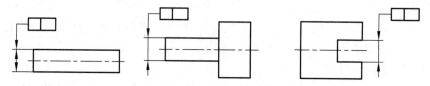

图 3.7　被测要素为导出要素的标注

当被测要素是圆锥体轴线时，指引线箭头应与圆锥体的大端或小端的尺寸线对齐。必要时也可在圆锥体上任一部位增加一个空白尺寸线与指引箭头对齐，如图 3.8 所示。

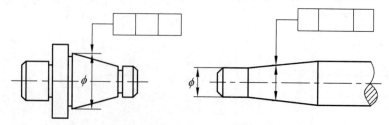

图 3.8　被测要素为锥体时的标注

2. 基准要素的标注

当基准要素是边线、表面等轮廓要素时，基准代号中的短横线应靠近基准要素的轮廓线或轮廓面，也可靠近轮廓的延长线，但要与尺寸线明显错开，如图 3.9（a）、（b）所示。

当受到图形限制、基准代号必须注在某个面上时，可在面上画出小黑点，由黑点引出参考线，基准代号则置于参考线上。如图 3.9（c）所示，基准面应为环形表面。

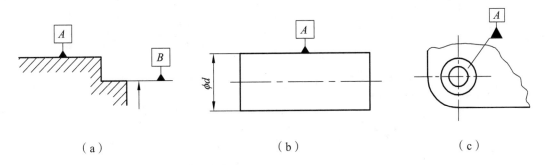

（a）　　　　　　　　　　　　（b）　　　　　　　　　　　　（c）

图 3.9　基准要素为组成要素时的标注

当基准要素是中心点、轴线、中心平面等导出要素时，基准代号的连线应与该要素的尺寸线对齐。基准代号中的三角形也可代替尺寸线的其中一个箭头，如图 3.10 所示。

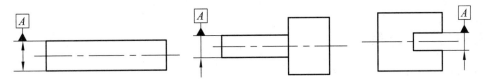

图 3.10　基准要素为导出要素时的标注

3. 简化标注

（1）在多个同类要素上有同一项公差要求时，可只用一个公差框格，并在一条指引线上引出多个带箭头的指引线指向各要素上，如图 3.11 所示。

（2）若干个分离要素给出单一公差带时，可按图 3.12 所示在公差框格里公差值的后面加注公共公差带的符号 CZ。

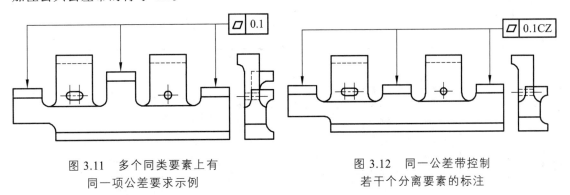

图 3.11　多个同类要素上有
同一项公差要求示例

图 3.12　同一公差带控制
若干个分离要素的标注

（3）在同一要素上有多项公差要求时，可将多个公差项目的框格叠放在一起，用同一指引线引向被测要素，如图 3.13 所示。

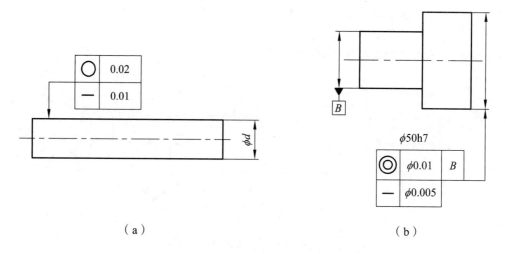

（a）　　　　　　　　　　　　　　（b）

图 3.13　同一要素上有多项公差要求示例

3.3　几何公差带

几何公差带是指用来限制被测提取（实际）要素变动的区域，零件提取（实际）要素在该区域内为合格。几何公差带包括形状、方向、位置和大小。公差带的形状、方向及位置取决于要素的几何特征及功能要求。公差带的大小用其宽度或直径表示，由给定的公差值决定。

3.3.1　形状公差

形状公差是单一实际被测要素对其理想要素的允许变动量。形状公差有直线度、平面度、圆度、圆柱度、无基准要求的线轮廓度和无基准要求的面轮廓度 6 个项目。形状公差带定义和标注示例见表 3.3。

表 3.3　形状公差带定义和标注示例

几何特征代号	标注示例及解释	公差带定义
直线度	框格中标注 0.1 的意义是在任一平行于图示投影面的平面内，上平面的提取（实际）线应限定在间距等于 0.1 mm 的两平行直线之间 ⎯ 0.1	在给定平面内，公差带是距离为公差值 t 的两平行直线之间的区域 测量平面

几何特征代号	标注示例及解释	公差带定义
直线度	框格中标注 0.1 的意义是提取（实际）的棱边应限定在间距等于 0.1 mm 的两平行平面之间 ─ 0.1	在给定方向上，公差带是距离为公差值 t 的两平行平面之间的区域
	框格中标注 ϕ 0.08 的意义是外圆柱面的提取（实际）的中心线应限定在直径为 ϕ 0.08 mm 的圆柱面内 ─ ϕ0.08	在任意方向上，公差带是直径 t 的圆柱面内的区域
平面度	框格中标注 0.08 的意义是提取（实际）表面应限定在间距等于 0.08 mm 的两平行平面之间 ▱ 0.08	公差带是距离为公差值 t 的两平行平面之间的区域
圆度	框格中标注 0.03 的意义是在圆柱面的任意横截面内，提取（实际）圆周应限定在半径差等于 0.03 mm 的两共面同心圆之间 ○ 0.03	公差带是在同一正截面上，半径差为公差值 t 的两同心圆之间的区域 任一横截面
	框格中标注 0.03 的意义是在圆锥面的任意横截面内，提取（实际）圆周应限定在半径差等于 0.03 mm 的两共面同心圆之间 ○ 0.03	

几何特征代号	标注示例及解释	公差带定义
圆柱度	框格中标注 0.1 的意义是提取（实际）圆柱面应限定在半径差等于 0.1 mm 的两同轴圆柱面之间。圆柱度能对圆柱面纵、横截面各种形状误差进行综合控制 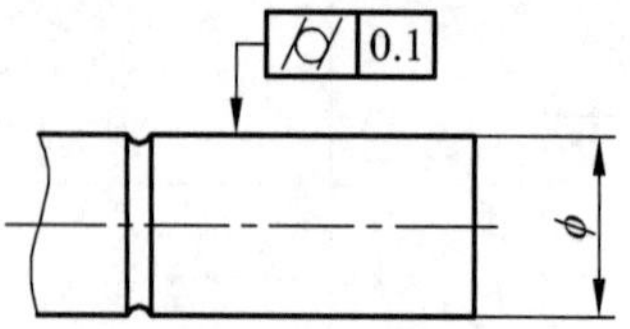	公差带是半径差为公差值 t 的两同轴圆柱面之间的区域 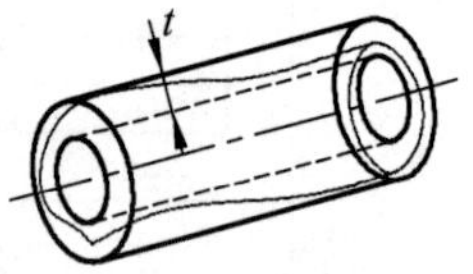

3.3.2 轮廓度公差

轮廓度可分为线轮廓度和面轮廓度两种。轮廓度公差有其特殊性，不能简单地把它们列为形状公差或方位公差，要随其功能要求，是否标注基准而定。

无基准要求的轮廓度公差属于形状公差，其公差带的方位是可以浮动的，即其公差带随提取（实际）轮廓要素的方位可在尺寸公差带内浮动。

有基准要求的轮廓度公差属于方向或位置公差，前者公差带方向是固定的，而公差带位置可在尺寸公差带内浮动；后者的公差带位置是固定不变的。

轮廓公差带定义和标注示例如表 3.4 所示。

表 3.4 轮廓公差带定义和标注示例

几何特征代号	标注示例及解释	公差带定义
线轮廓度	无基准要求的理想轮廓线用尺寸并且加注公差来控制，这时理想轮廓线的位置是不定的。框格中标注的 0.04 的意义是在任一平行于图示投影平面的截平面内，提取（实际）轮廓线应限定在直径等于 0.04 mm、圆心位于被测要素理论正确几何形状上的一系列圆的两等距包络线之间 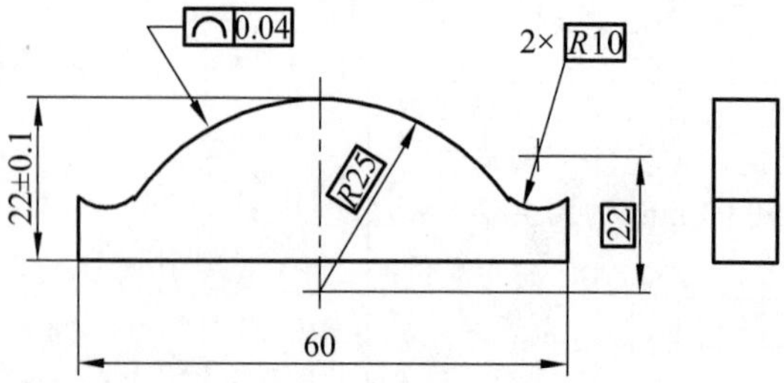	公差带是包络一系列直径为公差值 t 的圆的包络线之间的区域，诸圆的圆心位于具有理论正确几何形状上的一系列圆的两包络线所限定的区域 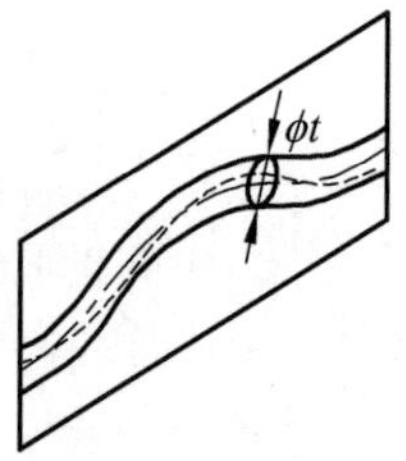

几何特征代号	标注示例及解释	公差带定义
线轮廓度	有基准要求的理想轮廓线用理论正确尺寸加注基准来控制,这时理想轮廓线的理想位置是唯一确定的,不能移动。框格中标注的0.04的意义是在任一平行于图示投影平面的截平面内,提取(实际)轮廓线应限定在直径等于0.04 mm、圆心位于基准平面 A 和基准平面 B 确定的被测要素理论正确几何形状上的一系列圆的两等距包络线之间 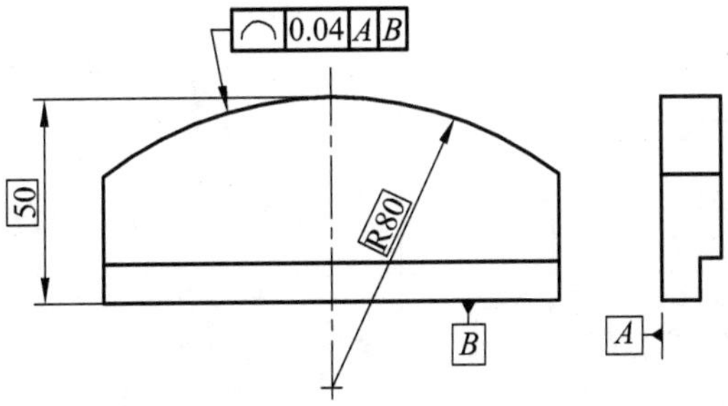 ⌒ 0.04 A B 50　R80　B　A	公差带为直径等于公差值 t、圆心位于由基准平面 A 和基准平面 B 确定的被测要素理论正确几何形状上的一系列圆的两等距包络线之间的区域 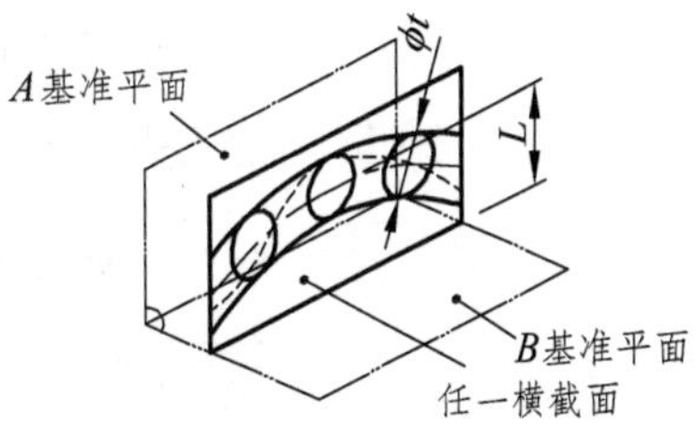 A基准平面　φt　t　B基准平面　任一横截面
面轮廓度	无基准要求的面轮廓度公差。框格中标注的0.02的意义是提取(实际)轮廓线应限定在直径等于 0.02 mm、球心位于被测要素理论正确几何形状上的一系列圆球的两等距包络面之间 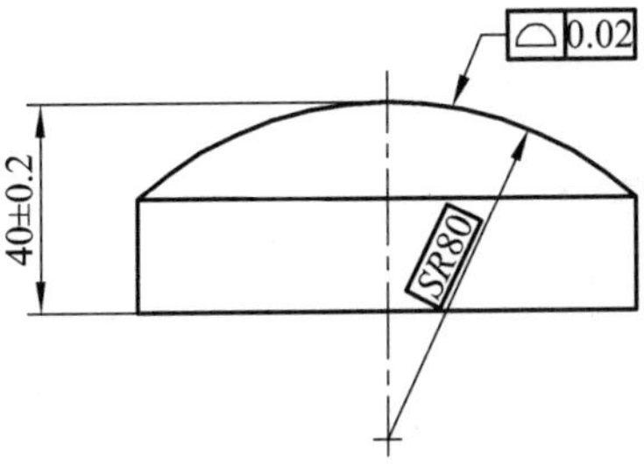 ⌒ 0.02 40±0.2　SR80	公差带为直径等于 t,球心位于被测要素理论正确几何形状上的一系列圆球的两等距包络面之间的区域 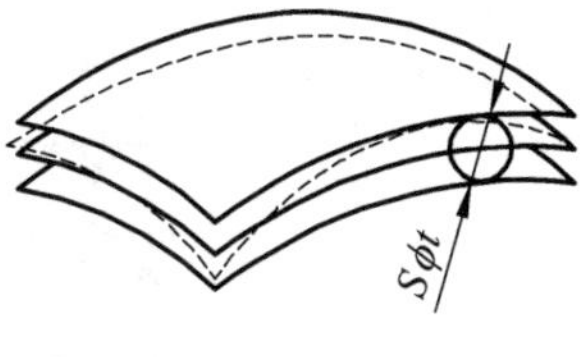 Sφt
	有基准要求的面轮廓度公差。框格中标注的0.1 的意义是提取(实际)轮廓线应限定在直径等于 0.1 mm、球心位于由基准平面 A 确定的被测要素理论正确几何形状上的一系列圆球的两等距包络面之间 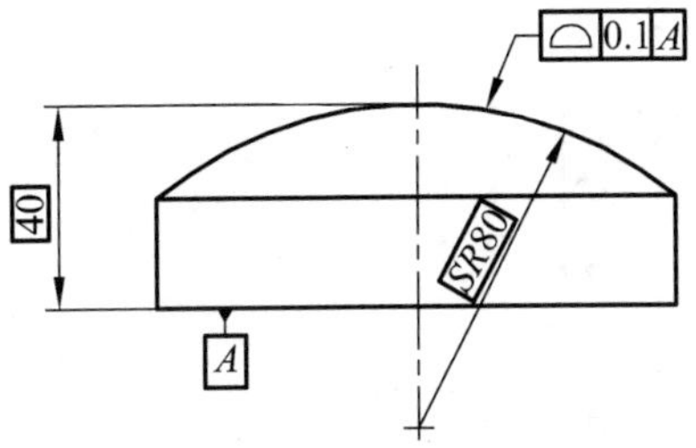 ⌒ 0.1 A 40　SR80　A	公差带为直径等于 t,球心位于由基准平面 A 确定的被测要素理论正确几何形状上的一系列圆球的两等距包络面之间的区域 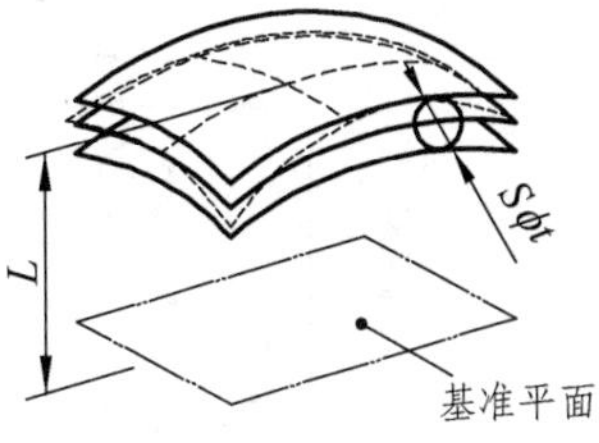 Sφt　L　基准平面

3.3.3 方向公差

方向公差是指被测要素对基准在方向上允许的变动量。在方向公差中，被测要素和基准要素均可为线或面，故可为线对面、面对面、线对线和面对线 4 种形式。方向公差分为平行度、垂直度、倾斜度 3 个项目。方向公差带定义和标注示例如表 3.5 所示。

表 3.5 方向公差带定义和标注示例

几何特征代号	标注示例及解释	公差带定义
平行度	框格中标注 0.1 的意义是提取（实际）表面应限定在间距等于 0.1 mm、平行于基准轴线 C 的两平行平面之间	公差带是距离为公差值 t 且平行于基准轴线的两平行平面所限定的区域
	框格中标注 0.01 的意义是提取（实际）表面应限定在间距等于 0.01 mm，平行于基准平面 D 的两平行平面之间	公差带是距离为公差值 t 且平行于基准平面的两平行平面所限定的区域
	框格中标注 0.01 的意义是提取（实际）线应限定在间距等于 0.01 mm 且平行于基准平面 B 的两平行平面之间	公差带是距离为公差值 t 且平行于基准平面的两平行平面所限定的区域
	框格中标注 $\phi 0.03$ 的意义是提取（实际）中心线应限定在平行于基准轴线 A，直径等于 $\phi 0.03$ mm 的圆柱面内	公差带为平行于基准轴线，直径等于公差值 ϕt 的圆柱面所限定的区域

几何特征代号	标注示例及解释	公差带定义
垂直度	框格中标注的 0.08 的意义是提取（实际）表面应限定在间距等于 0.08 mm 的两平行平面之间。该两平行平面垂直于基准轴线 A	公差带是距离为公差值 t 且垂直于基准的两平行平面之间的区域
	框格中标注的 0.06 的意义是圆柱面内的提取（实际）中心线应限定在间距等于 0.06 mm 的两平行平面之间。该两平行平面垂直于基准轴线 A	公差带为间距等于公差值 t 且垂直于基准的两平行平面所限定的区域
	框格中标注的 $\phi 0.01$ 的意义是圆柱面的提取（实际）中心线应限定在直径等于 $\phi 0.01$ mm，垂直于基准平面 A 的圆柱面内	公差带是直径为公差值 t 且垂直于基准的圆柱面内的区域
	框格中标注的 0.08 的意义是提取（实际）表面应限定在间距等于 0.08 mm 的两平行平面之间。该两平行平面垂直于基准平面 A	公差带是距离为公差值 t 且垂直于基准的两平行平面之间的区域

几何特征代号	标注示例及解释	公差带定义
倾斜度	框格中标注的 0.08 的意义是提取（实际）中心线应限定在间距等于 0.08 mm 的两平行平面之间。该两平行平面按理论正确角度 60°倾斜于公共基准轴线 A—B 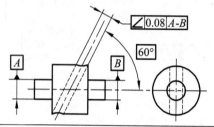	公差带是距离为公差值 t 且与基准线成一给定角度的两平行平面之间的区域 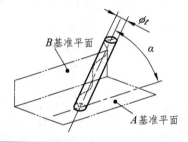
	框格中的 $\phi 0.1$ 的意义是提取（实际）中心线应限定在直径等于 $\phi 0.1$ mm 的圆柱面内。该圆柱面的中心线按理论正确角度 60°倾斜于基准平面 A 且平行于基准平面 B 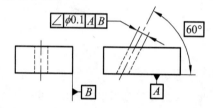	公差带是直径为公差值 t 且与基准面 A 成一给定角度，与基准 B 平行的圆柱面内的区域
	框格中的 0.1 的意义是提取（实际）表面应限定在间距等于 0.1 mm 的两平行平面内。该两平行平面按理论正确角度 75°倾斜于基准轴线 A 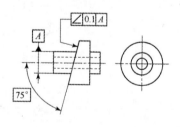	公差带是距离为公差值 t 且与基准线成一给定角度的两平行平面之间的区域 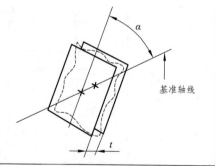
	框格中的 0.08 的意义是提取（实际）表面应限定在间距等于 0.08 mm 的两平行平面内。该两平行平面按理论正确角度 40°倾斜于基准平面 A 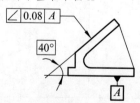	公差带是距离为公差值 t 且与基准平面成一给定角度的两平行平面之间的区域 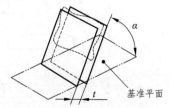

3.3.4　位置公差

位置公差是关联实际被测要素对基准在位置上允许的变动量，位置公差分为位置度、同轴（心）度和对称度 3 个项目。

位置公差的公差带的定义和标注示例见表 3.6。

表 3.6　位置公差带定义和标注示例

几何特征代号	标注示例及解释	公差带定义
位置度	框格中标注的 $S\phi0.3$ 的意义是提取（实际）球心应限定在直径等于 $S\phi0.3$ mm 的圆柱面内。该圆柱面的中心由基准平面 A、基准平面 B、基准中心平面 C 和理论正确尺寸 30 mm、25 mm 确定 	公差带为直径等于公差值 $S\phi t$ 的球面所限定的区域，该圆球面中心的理论正确位置由基准 A，B，C 和理论正确尺寸确定
	框格中标注的 $\phi0.08$ 的意义是提取（实际）中心线应限定在直径等于 $\phi0.08$ 的圆柱面内。该圆柱面的轴线位置处于由基准平面 C，A，B 和理论正确尺寸 100 mm，68 mm 确定的理论正确位置上 	公差带为直径等于公差值 ϕt 的圆柱面所限定的区域。该圆柱面的轴线的位置由基准平面 C，A，B 和理论正确尺寸确定
	框格中 0.05 的意义是提取（实际）表面必须位于距离为公差值 0.05，且对称于被测表面理论正确位置的两平行平面之间。该理论正确位置是由基准平面 A、基准轴线 B 和理论正确尺寸 15 mm、理论正确角度 105° 确定 	公差带是距离为公差值 t 且以面的理想位置为中心对称配置的两平行平面之间的区域。该面的理想位置是由基准平面、基准轴线和理论正确尺寸 L、理论正确角度 α 确定的

几何特征代号	标注示例及解释	公差带定义
同 轴 （ 心 ） 度	框格中的 $\phi 0.1$ 的意义是在任意横截面内，内圆的提取（实际）中心应限定在直径等于 $\phi 0.1$ mm，以基准点 A 为圆心的圆周内 ACS ⊚ $\phi 0.1$ A	公差带为直径等于公差值 t 的圆周所限定的区域，该圆周的圆心与基准点重合 ϕt A基准
	框格中的 $\phi 0.08$ 的意义是大圆柱的提取（实际）中心线应限定在直径等于 $\phi 0.08$ mm，以公共基准轴线 $A—B$ 为轴线的圆柱面内 ⊚ $\phi 0.08$ A-B	公差带是直径为公差值 t 的圆柱面内的区域，该圆柱面的轴线与基准轴线同轴 ϕt 公共基准轴线
对 称 度	框格中标注的 0.08 的意义是提取（实际）中心面应限定在间距等于 0.08 mm，对称于公共基准中心平面 $A—B$ 的两平行平面之间 ⩵ 0.08 A-B	公差带是距离为公差值 t 且相对基准的中心平面对称配置的两平行平面之间的区域 t $t/2$ 公共基准中心平面

3.3.5 跳动公差

跳动公差是以特定的检测方式为依据而设定的公差项目。它的检测简单实用又具有一定的综合控制功能，能将某些几何误差综合反映在检测结果中，因而在生产中得到广泛的应用。

跳动公差分为圆跳动和全跳动两类。圆跳动又分为径向圆跳动、端面圆跳动和斜向圆跳动 3 项；全跳动分为径向全跳动和端面全跳动。

跳动公差的公差带的定义和标注示例见表 3.7。

表 3.7　跳动公差带的定义和标注示例

几何特征代号	标注示例及解释	公差带定义
圆跳动	框格中的 0.1 的意义：当被测要素围绕公共基准线 *A—B* 旋转一周时，在任一测量平面内的径向跳动量均不得大于 0.1 mm	公差带是垂直于基准轴线的任一测量平面内、半径差为公差值 t 且圆心在基准轴线上的两同心圆之间的区域
	框格中标注的 0.1 的意义：在与基准轴线 *D* 同轴的任一圆柱形截面上，提取（实际）圆应限定在轴向距离等于 0.1 mm 的两个等圆之间	公差带是在与基准同轴的任一半径位置的测量圆柱面上距离为公差值 t 的两圆之间的区域
	框格中 0.1 的意义是被测面绕基准线 *C* 旋转一周时，在任一测量圆锥面上的跳动量不得大于 0.1 mm	公差带是在与基准同轴的任一给定角度的测量圆锥面上，距离为公差值 t 的两圆之间的区域
全跳动	框格中标注的 0.1 的意义是提取（实际）表面应限定在半径差等于 0.1 mm，与公共基准轴线 *A—B* 同轴的两圆柱面之间	公差带是半径差为公差值 t 且与基准同轴的两圆柱面之间的区域

续表

几何特征代号	标注示例及解释	公差带定义
全跳动	框格中 0.1 的意义：提取（实际）表面应限定在间距等于 0.1 mm，垂直于基准轴线 D 的两平行平面之间 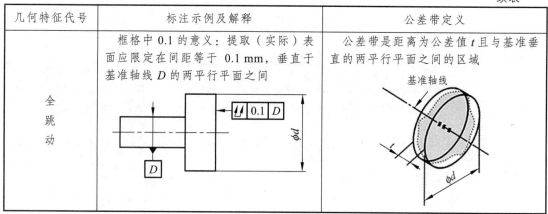	公差带是距离为公差值 t 且与基准垂直的两平行平面之间的区域

3.4 公差原则

公差原则是处理几何公差与尺寸公差关系的基本原则。公差原则有独立原则和相关原则，相关要求又可分成包容要求、最大实体要求（及其可逆要求）和最小实体要求（及其可逆要求）。

3.4.1 术语及定义

1. 局部实际尺寸

局部实际尺寸又可成为实际尺寸，即在提取要素的任一正截面上两对应点之间测得的距离，如图 3.14 所示。孔、轴的实际尺寸分别用 D_a 和 d_a 表示。对同一要素在不同部位测量，测得的局部实际尺寸不同。

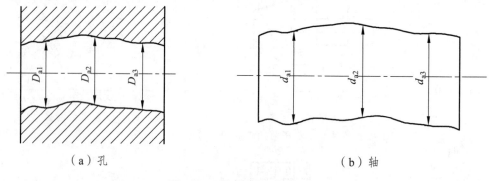

（a）孔　　　　　　　　　　　　　（b）轴

图 3.14 局部实际尺寸

2. 作用尺寸

（1）体外作用尺寸。

在被测要素的给定长度上，与实际轴体外相接的最小理想孔的直径称为轴的体外作用

尺寸 d_{fe}；与实际孔体外相接的最大理想轴的直径称为孔的体外作用尺寸 D_{fe}，如图 3.15 所示。对于关联要素，该理想面的轴线或中心平面必须与基准保持图样给定的几何关系。孔、轴的体外作用尺寸的计算公式如下

$$D_{fe}=D_a-f$$
$$d_{fe}=d_a+f$$

（3.1）

式中 f——几何误差。

（2）体内作用尺寸。

在被测要素的给定长度上，与实际轴体内相接的最大理想孔的直径称为轴的体内作用尺寸 d_{fi}；与实际孔体内相接的最小理想轴的直径称为孔的体内作用尺寸 D_{fi}，如图 3.15 所示。对于关联要素，该理想面的轴线或中心平面必须与基准保持图样给定的几何关系。孔、轴的体外作用尺寸的计算公式如下

$$D_{fi}=D_a+f$$
$$d_{fi}=d_a-f$$

（3.2）

式中 f——几何误差。

需要注意：作用尺寸是局部实际尺寸与形位误差综合形成的结果，作用尺寸是存在于实际孔、轴上的，表示其装配状态的尺寸。

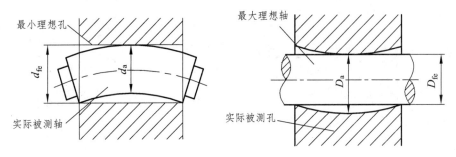

（a）轴和孔的体外作用尺寸

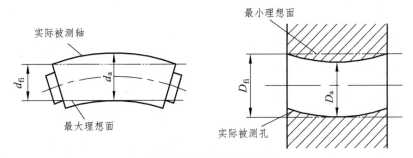

（b）轴和孔的体内作用尺寸

图 3.15 孔和轴的作用尺寸

3. 最大实体状态、尺寸及边界

（1）最大实体状态（MMC）。

提取组成要素在给定长度上，处处位于极限尺寸并且实体最大时（占有材料量最多）的状态。

（2）最大实体尺寸（MMS）。

最大实体状态对应的极限尺寸。轴和孔的最大实体尺寸分别表示为

$$d_M=d_{max}$$
$$D_M=D_{min}$$

（3.3）

（3）最大实体边界（MMB）。

尺寸为最大实体尺寸的边界。

4. 最小实体状态、尺寸及边界

（1）最小实体状态（LMC）。

提取组成要素在给定长度上，处处位于极限尺寸并且实体最小时（占有材料量最少）的状态。

（2）最小实体尺寸（LMS）。

最小实体状态对应的极限尺寸。轴和孔的最小实体尺寸分别表示为

$$d_L=d_{min}$$
$$D_L=D_{max}$$

（3.4）

（3）最小实体边界（LMB）。

尺寸为最小实体尺寸的边界。

5. 最大实体实效状态、尺寸及边界

（1）最大实体实效状态（MMVC）。

提取组成要素在给定长度上，尺寸要素处于最大实体状态，且其导出要素的几何误差等于给定的几何公差值 t 时的综合极限状态。

（2）最大实体实效尺寸（MMVS）。

最大实体实效状态对应的尺寸。轴和孔的最大实体实效尺寸分别表示为

$$d_{MV}=d_{max}+t$$
$$D_{MV}=D_{min}-t$$

（3.5）

（3）最大实体实效边界（MMVB）。

尺寸为最大实体实效尺寸的边界。

6. 最小实体实效状态、尺寸及边界

（1）最小实体实效状态（LMVC）。

提取组成要素在给定长度上，尺寸要素处于最小实体状态，且其导出要素的几何误差等于给定的几何公差值 t 时的综合极限状态。

（2）最小实体实效尺寸（LMVS）。

最小实体实效状态对应的尺寸。轴和孔的最小实体实效尺寸分别表示为

$$d_{LV}=d_{min}-t$$
$$D_{LV}=D_{max}+t$$

（3.6）

（3）最小实体实效边界（LMVB）。

尺寸为最小实体实效尺寸的边界。

3.4.2　独立原则

1. 独立原则的含义和图样标注

图样上给定的尺寸公差与几何公差各自独立，相互无关，分别满足要求的公差原则，称为独立原则。

采用独立原则时，尺寸公差与几何公差之间相互无关，即尺寸公差只控制实际尺寸的变动量，与要素本身的几何误差无关；几何公差只控制要素的几何误差，与要素本身的尺寸误差无关。要素只需要分别满足尺寸公差和形位公差要求即可。

独立原则的图样标注如图 3.16 所示，图样上不需加注任何关系符号。图 3.16 所示轴的直径公差与其轴线的直线度公差采用独立原则。只要轴的实际尺寸在 $\phi 19.979 \sim \phi 20$，其轴线的直线度误差不大于 $\phi 0.01$，则零件合格。

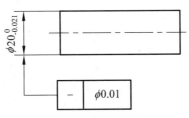

图 3.16　独立原则的标注示例

2. 遵守独立原则零件的合格条件

对于内表面：$D_{\min} \leqslant D_a \leqslant D_{\max}$，$f \leqslant t$

对于外表面：$d_{\min} \leqslant d_a \leqslant d_{\max}$，$f \leqslant t$

3. 独立原则的应用

独立原则是处理几何公差与尺寸公差之间相互关系的基本原则。图样上给出的公差大多遵守独立原则。独立原则一般用于非配合零件，或对形状和位置要求严格，而对尺寸精度要求相对较低的场合。例如，印刷机的滚筒，尺寸精度要求不高，但对圆柱度要求高，以保证印刷清晰，因而按独立原则给出了圆柱度公差 t，而其尺寸公差则按未注公差处理。又如，液压传动中常用的液压缸的内孔，为防止泄漏，对液压缸内孔的形状精度（圆柱度、轴线直线度）提出了较严格的要求，而对其尺寸精度则要求不高，故尺寸公差与形位公差按独立原则给出。

3.4.3　相关要求

1. 包容要求

（1）包容要求的含义。

包容要求是指提取组成要素遵守其最大实体边界，且其局部实际尺寸不得超出其最小实体尺寸的一种公差要求。也就是说，无论提取组成要素的尺寸误差和几何误差如何变化，其实际轮廓不得超越其最大实体边界，即其体外作用尺寸不得超越其最大实体边界尺寸，且其实际尺寸不得超越其最小实体尺寸。

（2）图样标注及分析。

采用包容要求时，必须在图样上尺寸公差带或公差值后面加注符号$Ⓔ$。如图3.17（a）所示，该轴的尺寸采用包容要求。

图3.17中$Ⓔ$的解释：① 当被测要素处于最大实体状态时，该零件的几何公差等于零。图3.17（c）中，当该轴尺寸为$\phi50$ mm时，该轴的圆度、素线和轴线的直线度等误差等于零。② 当被测要素偏离最大实体状态时，该零件的几何公差允许达到偏离量。图3.17（d）中，当该轴尺寸为$\phi49.990$ mm时，该轴的圆度、素线和轴线的直线度等误差允许达到偏离量，即等于$\phi0.01$ mm。③ 当被测要素偏至最小实体状态时，该零件的几何公差允许达到最大值，即等于图样给定的零件的尺寸公差。图3.17（e）中，当该轴尺寸为时$\phi49.975$ mm时，该轴的圆度、素线和轴线的直线度等误差允许达到最大值，即等于图样给定的轴的尺寸公差最大为$\phi0.025$ mm。

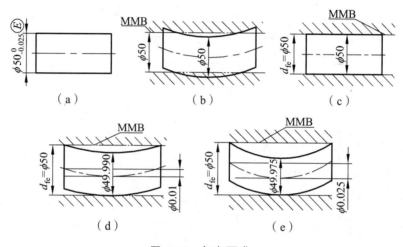

图3.17　包容要求

（3）合格条件。

采用包容要求时，被测要素遵守最大实体边界，其体外作用尺寸不得超出其最大实体尺寸，且局部实际尺寸不得超出其最小实体尺寸，即合格条件为

对于内表面：$D_M（D_{min}）\leqslant D_{fe}$，$D_a \leqslant D_L（D_{max}）$

对于外表面：$d_L（d_{min}）\leqslant d_a$，$d_{fe} \leqslant d_M（d_{max}）$

（4）包容要求的应用。

包容要求是将尺寸误差和几何误差同时控制在尺寸公差范围内的一种公差要求。主要用于必须保证配合性质的要素，用最大实体边界保证必要的最小间隙或最大过盈，用最小实体尺寸防止间隙过大或过盈过小。包容要求仅用于单一尺寸要素（如圆柱面、两反向平行面等尺寸），主要用于保证单一要素间的配合性质。如回转轴颈与滑动轴承、滑块与滑块槽以及间隙配合中的轴孔或有缓慢移动的轴孔结合等。

2．最大实体要求

（1）最大实体要求的含义。

最大实体要求是指被测要素的实际轮廓应遵守其最大实体实效边界，且当其实际尺寸偏离其最大实体尺寸时，允许其几何误差值超出图样上给定的几何公差值的一种要求。也就是说，无论提取组成要素的尺寸误差和几何误差如何变化，其实际轮廓不得超越其最大实体实效边界，即其体外作用尺寸不得超越其最大实体实效尺寸，且局部实际尺寸在最大与最小实体尺寸之间。

（2）图样标注及分析。

① 最大实体要求应用于被测要素时，应在图样上相应的几何公差值后面加注符号 Ⓜ。如图 3.18（a）所示，该轴的轴线直线度公差采用最大实体要求。

图 3.18 Ⓜ 的解释：① 当被测要素处于最大实体尺寸时，零件的几何公差等于给定值。图 3.18（b）中，当轴的尺寸为 $\phi 30$ mm 时，轴线的直线度公差等于 $\phi 0.01$ mm。② 当被测要素偏离最大实体尺寸时，该零件的几何公差允许达到给定值加偏离量。图 3.18（c）中，当轴的尺寸为 $\phi 29.980$ mm 时，轴线的直线度公差等于 $\phi 0.01$ mm（给定值）+ $\phi 0.02$ mm（偏离量）；③ 当被测要素偏至最小实体状态时，该零件的几何公差允许达到最大值。图 3.18（d）中，当轴的尺寸为 $\phi 29.979$ mm 时，轴线的直线度公差等于 $\phi 0.01$ mm（给定值）+ $\phi 0.021$ mm（偏离量）。

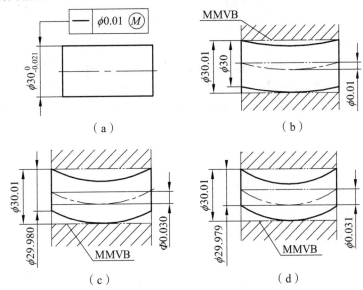

图 3.18 最大实体要求用于被测要素示例

② 最大实体要求应用于基准要素时，应在图样上相应的基准字母后面加注符号 Ⓜ，如图 3.19（a）所示，该小圆柱的轴线同轴度公差采用最大实体要求，大圆柱轴线作为基准采用最大实体要求。

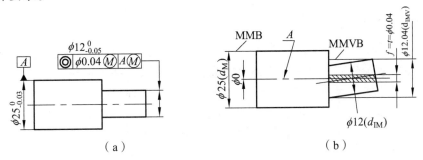

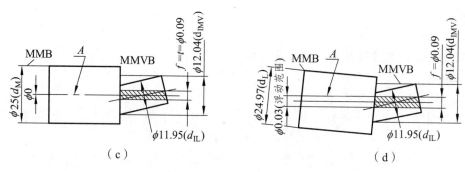

图 3.19　最大实体要求用于基准要素示例

图 3.19 Ⓜ 的解释：① 当被测要素和基准要素都处于最大实体尺寸时，基准轴线不能浮动，被测轴线的几何公差等于给定值。图 3.19（b）中，当小圆柱的尺寸为 $\phi12$ mm 且大圆柱的尺寸为 $\phi25$ mm 时，基准轴线不能浮动，被测轴线的同轴度公差等于 $\phi0.04$ mm；② 当被测要素偏离至最小实体状态且基准要素处于最大实体尺寸时，基准轴线不能浮动，被测轴线的几何公差允许达到给定值加偏离量。图 3.19（c）中，当小圆柱的尺寸为 $\phi11.95$ mm 且大圆柱的尺寸为 $\phi25$ mm 时，基准轴线不能浮动，被测轴线的同轴度公差等于 $\phi0.04$ mm（给定值）$+\phi0.05$ mm（偏离量）。③ 当被测要素和基准要素都偏离至最小实体尺寸时，基准轴线可以浮动，浮动范围为基准轴的尺寸公差值，被测轴线的几何公差允许达到给定值加偏离量。图 3.19（d）中，当小圆柱的尺寸为 $\phi11.95$ mm 且大圆柱的尺寸为 $\phi24.97$ mm 时，基准轴线可以浮动，浮动范围为 $\phi0.03$ mm，被测轴线的同轴度公差等于 $\phi0.04$ mm（给定值）$+\phi0.05$ mm（偏离量）。

（3）合格条件。

采用最大实体要求的要素遵守最大实体实效边界，其体外作用尺寸不得超出其最大实体实效尺寸，且局部实际尺寸在最大与最小实体尺寸之间，即合格条件为

对于外表面：$d_{fe} \leq d_{MV} = d_{max} + t$，$d_{min} \leq d_a \leq d_{max}$

对于内表面：$D_{fe} \geq D_{MV} = D_{min} - t$，$D_{min} \leq D_a \leq D_{max}$

（4）最大实体要求的应用。

最大实体要求只能用于被测中心要素或基准中心要素，主要用于保证零件的可装配性。例如，用螺栓连接的法兰盘，螺栓孔的位置度公差采用最大实体要求，可以充分利用图样上给定的公差，既可以提高零件的合格率，又可以保证法兰盘的可装配性，达到较好的经济效益。关联要素采用最大实体要求的零形位公差时，主要用来保证配合性质，其适用场合与包容要求相同。

3. 最小实体要求

（1）最小实体要求的含义。

最小实体要求是指被测要素的实际轮廓应遵守最小实体实效边界，且局部实际尺寸不能超出最大和最小实体尺寸。当其实际尺寸偏离其最小实体尺寸时，允许其几何误差值超出图样上的给定值的一种公差要求。也就是说，无论提取组成要素的尺寸误差和几何误差如何变化，其实际轮廓不得超越其最小实体实效边界，即其体内作用尺寸不得超越其最小

实体实效尺寸，且局部实际尺寸在最大与最小实体尺寸之间。

（2）图样标注及分析。

最小实体要求应用于被测要素时，应在图样上公差值后面加注符号 $Ⓛ$。如图 3.20（a）所示，该孔的轴线的位置度公差采用最小实体要求。

图 3.20 $Ⓛ$ 的解释：① 当被测要素处于最小实体尺寸时，零件的几何公差等于给定值。如图 3.20（b）中，当孔的尺寸为 $\phi 8.25$ mm 时，轴线的位置度公差等于 $\phi 0.4$ mm。② 当被测要素偏至最大实体状态时，该零件的几何公差允许达到最大值。如图 3.20（c）中，当孔的尺寸为 $\phi 8.00$ mm 时，轴线的位置度公差等于 $\phi 0.4$ mm（给定值）+ $\phi 0.25$ mm（偏离量）。

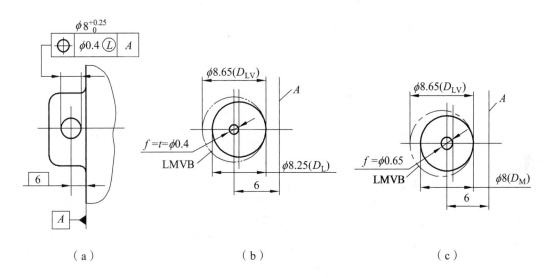

（a）　　　　　　　　　　（b）　　　　　　　　　　（c）

图 3.20　最小实体要求用于被测要素

（3）合格条件。

采用最小实体要求的要素遵守最小实体实效边界，其体内作用尺寸不得超出其最小实体实效尺寸，且局部实际尺寸在最大与最小实体尺寸之间，即合格条件为

对于外表面：$d_{fi} \geqslant d_{LV} = d_{min} - t$，$d_{min} \leqslant d_a \leqslant d_{max}$

对于内表面：$D_{fi} \leqslant D_{LV} = D_{max} + t$，$D_{min} \leqslant D_a \leqslant D_{max}$

（4）最小实体要求的应用。

最小实体要求只能用于被测中心要素或基准中心要素，主要用来保证零件的强度和最小壁厚。

4. 可逆要求

可逆要求时一种反补偿要求。可逆要求是指导出要素的几何误差小于给定的几何公差时，允许在满足零件功能要求的前提下扩大尺寸公差，以获得更好的经济效益。可逆要求不单独使用，是最大实体要求或最小实体要求的附加要求。在公差值后面加注 $Ⓜ$ $Ⓡ$ 表示可逆要求应用于最大实体要求，若在公差值后面加注 $Ⓛ$ $Ⓡ$ 表示可逆要求应用于最小实体要求。现以可逆要求应用于最大实体要求为例分析，如图 3.21 所示。

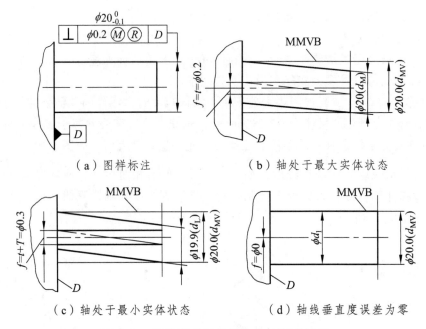

图 3.21　可逆要求用于最大实体要求示例

图 3.21 Ⓜ Ⓡ 的解释：① 当被测要素处于最大实体状态时，当零件的几何公差等于给定值。如图 3.21（b）中，当轴的尺寸为 $\phi 20$ mm 时，轴线的垂直度公差等于 $\phi 0.2$ mm。② 当被测要素偏至最小实体状态时，该零件的几何公差允许达到最大值。如图 3.21（c）中，当轴的尺寸为 $\phi 19.9$ mm 时，轴线的垂直度公差等于 $\phi 0.2$ mm（给定值）$+\phi 0.1$ mm（偏离量）。③ 当零件的几何误差为零时，被测要素的实际尺寸可达到最大值。如图 3.21（d）中，当轴的垂直度误差为零时，轴的实际尺寸可以达到 $\phi 20.2$ mm。

可逆要求用于只要求零件实际轮廓限定在某一控制边界内，不严格区分其尺寸和几何公差是否在允许范围内的情况。可逆要求用于最大实体要求主要应用于公差及配合无严格要求，仅要求保证装配互换的场合。可逆要求很少应用于最小实体要求。

3.5　几何公差的选择

图样上零件的几何公差要求有两种表示方法：一种是用公差框格的形式标注在图样上；另一种是按未注几何公差的规定，图样上不标注几何公差要求。无论标注与否，零件都有几何公差精度要求。

对于注出的几何公差，正确地选用几何公差项目，合理地确定几何公差数值，对提高产品的质量和降低成本，具有十分重要的意义。几何公差的选用，主要包括：几何公差项目、公差数值（或公差等级）等。

3.5.1　几何公差特征项目的选择

几何公差特征项目的选择可从以下几个方面考虑：

1. 零件的几何特征

零件的几何特征不同，会产生不同的几何误差。例如，对圆柱形零件，可选择圆度、圆柱度、轴心线直线度及素线直线度等；平面零件可选择平面度；窄长平面可选直线度；槽类零件可选对称度；阶梯轴、孔可选同轴度等。

2. 零件的功能要求

根据零件不同的功能要求，给出不同的几何公差项目。例如，对圆柱形零件，当仅需要顺利装配时，可选轴心线的直线度；如果孔、轴之间有相对运动，应均匀接触，或为保证密封性，应标注圆柱度公差以综合控制圆度、素线直线度和轴线直线度；又如，为保证机床工作台或刀架运动轨迹的精度，需要对导轨提出直线度要求；对安装齿轮轴的箱体孔，为保证齿轮的正确啮合，需要提出孔心线的平行度要求；为使箱体、端盖等零件上各螺栓孔能顺利装配，应规定孔组的位置度公差等。

3. 检测的方便性

确定几何公差特征项目时，要考虑到检测的方便性与经济性。例如，对轴类零件，可用径向全跳动综合控制圆柱度、同轴度；用端面全跳动代替端面对轴线的垂直度，因为跳动误差检测方便，又能较好地控制相应的几何误差。

在满足功能要求的前提下，应尽量减少检测项目，以获得较好的经济效益。

3.5.2 几何公差值的选择

总的原则：在保证满足要素功能要求的条件下，选用尽可能大的公差数值，以满足经济性的要求。

1. 公差值的选用原则

（1）根据零件的功能要求，并考虑加工的经济性和零件的结构、刚性等情况，按公差表中数系确定要素的公差值，应考虑下列情况：

① 在同一要素上给出的形状公差值应小于位置公差值。例如，要求平行的两个平面，其平面度公差值应小于平行度公差值。

② 圆柱形零件的形状公差（轴线直线度除外）一般应小于其尺寸公差值。

③ 平行度公差值应小于其相应的距离公差值。

（2）对于下列情况，考虑到加工的难易程度和除主参数外其他因素的影响，在满足功能要求的情况下，可适当降低 1~2 级选用。

① 孔相对于轴；② 细长的孔或轴；③ 距离较大的孔或轴；④ 宽度较大（一般大于 1/2 长度）的零件表面；⑤ 线对线、线对面相对于面对面的平行度、垂直度。

（3）凡有关标准已对几何公差做出规定的，例如，与滚动轴承相配合的轴和壳体孔的圆柱度公差、机床导轨的直线度公差等，都应按相应的标准确定。

2. 几何公差等级

几何公差等级一般划分为 12 级，即 1~12 级，精度依次降低；仅圆度和圆柱度划分为 13 级，即 0~12 级，精度依次降低。各几何公差等级的公差值如表 3.8~表 3.11 所示。

表 3.8 直线度和平面度公差值   μm

主参数 L/mm	公 差 等 级											
	1	2	3	4	5	6	7	8	9	10	11	12
≤10	0.2	0.4	0.8	1.2	2	3	5	8	12	20	30	60
>10~16	0.25	0.5	1	1.5	2.5	4	6	10	15	25	40	80
>16~25	0.3	0.6	1.2	2	3	5	8	12	20	30	50	100
>25~40	0.4	0.8	1.5	2.5	4	6	10	15	25	40	60	120
>40~63	0.5	1	2	3	5	8	12	20	30	50	80	150
>63~100	0.6	1.2	2.5	4	6	10	15	25	40	60	100	200
>100~160	0.8	1.5	3	5	8	12	20	30	50	80	120	250
>160~250	1	2	4	6	10	15	25	40	60	100	150	300
>250~400	1.2	2.5	5	8	12	20	30	50	80	120	200	400
>400~630	1.5	3	6	10	15	25	40	60	100	150	250	500

注：主参数 L 系轴、直线、平面的长度。

表 3.9 圆度、圆柱度公差值   μm

主参数 d(D)/mm	公 差 等 级												
	0	1	2	3	4	5	6	7	8	9	10	11	12
≤3	0.1	0.2	0.3	0.5	0.8	1.2	2	3	4	6	10	14	25
>3~6	0.1	0.2	0.4	0.6	1	1.5	2.5	4	5	8	12	18	30
>6~10	0.12	0.25	0.4	0.6	1	1.5	2.5	4	6	9	15	22	36
>10~18	0.15	0.25	0.5	0.8	1.2	2	3	5	8	11	18	27	43
>18~30	0.2	0.3	0.6	1	1.5	2.5	4	6	9	13	21	33	52
>30~50	0.25	0.4	0.6	1	1.5	2.5	4	7	11	16	25	39	62
>50~80	0.3	0.5	0.8	1.2	2	3	5	8	13	19	30	46	74
>80~120	0.4	0.6	1	1.5	2.5	4	6	10	15	22	35	54	87
>120~180	0.6	1	1.2	2	3.5	5	8	12	18	25	40	63	100
>180~250	0.8	1.2	2	3	4.5	7	10	14	20	29	46	72	115
>250~315	1.0	1.6	2.5	4	6	8	12	16	23	32	52	81	130
>315~400	1.2	2	3	5	7	9	13	18	25	36	57	89	140
>400~500	1.5	2.5	4	6	8	10	15	20	27	40	63	97	155

注：主参数 $d(D)$ 系轴（孔）的直径。

表 3.10　平行度、垂直度、倾斜度公差值　　　　　　　　　　　　μm

主参数	公　差　等　级											
L，$d(D)$/mm	1	2	3	4	5	6	7	8	9	10	11	12
≤10	0.4	0.8	1.5	3	5	8	12	20	30	50	80	120
>10～16	0.5	1	2	4	6	10	15	25	40	60	100	150
>16～25	0.6	1.2	2.5	5	8	12	20	30	50	80	120	200
>25～40	0.8	1.5	3	6	10	15	25	40	60	100	150	250
>40～63	1	2	4	8	12	20	30	50	80	120	200	300
>63～100	1.2	2.5	5	10	15	25	40	60	100	150	250	400
>100～160	1.5	3	6	12	20	30	50	80	120	200	300	500
>160～250	2	4	8	15	25	40	60	100	150	250	400	600
>250～400	2.5	5	10	20	30	50	80	120	200	300	500	800
>400～630	3	6	12	25	40	60	100	150	250	400	600	1000

注：① 主参数 L 为给定平行度时轴线或平面的长度，或给定垂直度、倾斜度时被测
要素的长度。

② 主参数 $d(D)$ 为给定面对线垂直度时，被测要素的轴（孔）直径。

表 3.11　同轴度、对称度、圆跳动和全跳动公差值　　　　　　　　μm

主参数	公　差　等　级											
$d(D)$，B，L/mm	1	2	3	4	5	6	7	8	9	10	11	12
≤1	0.4	0.6	1.0	1.5	2.5	4	6	10	15	25	40	60
>1～3	0.4	0.6	1.0	1.5	2.5	4	6	10	20	40	60	120
>3～6	0.5	0.8	1.2	2	3	5	8	12	25	50	80	150
>6～10	0.6	1	1.5	2.5	4	6	10	15	30	60	100	200
>10～18	0.8	1.2	2	3	5	8	12	20	40	80	120	250
>18～30	1	1.5	2.5	4	6	10	15	25	50	100	150	300
>30～50	1.2	2	3	5	8	12	20	30	60	120	200	400
>50～120	1.5	2.5	4	6	10	15	25	40	80	150	250	500

注：主参数 $d(D)$，B，L 为被测要素的宽度或直径。

对于位置度，由于被测要素类型繁多，国家标准只规定了公差值数系，而未规定公差等级，如表 3.12 所示。

表 3.12　位置度数系

1	1.2	1.5	2	2.5	3	4	5	6	8
1×10^n	1.2×10^n	1.5×10^n	2×10^n	2.5×10^n	3×10^n	4×10^n	5×10^n	6×10^n	8×10^n

注：n 为正整数。

3.5.3　未注几何公差的规定

为了简化图样，对一般机床加工就能保证的几何精度，就不必在图样上注出几何公差。图样上没有标注几何公差的要素，其几何精度应按下列规定执行。

（1）直线度、平面度、垂直度、对称度和圆跳动的未注公差分别规定了 H，K，L 三个公差等级，其中 H 级精度最高，L 级精度最低。

（2）圆度的未注公差值等于直径的公差值，但不能超过径向圆跳动的未注公差值。

（3）圆柱度误差由圆度、素线直线度和相对素线间的平行度误差等三部分组成，每一项误差均由各自的注出公差或未注公差控制，因此圆柱度的未注公差未作规定。

（4）平行度的未注公差值等于被测要素和基准要素间的尺寸公差和被测要素的形状公差（直线度或平面度）的未注公差值中的较大者，并取两要素中较长者作为基准。

（5）垂直度的未注公差值取形成直角的两边中较长的一边作基准，较短的一边作为被测要素。若两边的长度相等，则取其中的任一边作为基准。

未注几何公差的数值见表 3.13。

表 3.13　几何公差的未注公差值　　　　　　　　　　　　　　　　mm

基本长度范围	公　差　等　级											
	直线度、平面度			垂直度			对称度			圆跳动		
	H	K	L	H	K	L	H	K	L	H	K	L
≤10	0.02	0.05	0.1									
>10～30	0.05	0.1	0.2	0.2	0.4	0.6			0.6			
>30～100	0.1	0.2	0.4					0.6				
>100～300	0.2	0.4	0.8	0.3	0.6	1	0.5		1	0.1	0.2	0.5
>300～1 000	0.3	0.6	1.2	0.4	0.8	1.5		0.8	1.5			
>1 000～3 000	0.4	0.8	1.6	0.5	1	2		1	2			

未注几何公差值由设计者自行选定，并在技术文件中予以明确。采用标准规定的未注几何公差等级，可在图样上标题栏附近注出标准号和公差等级的代号，例如，未注几何公差按 GB/T 1184—K。

第4章 表面粗糙度

【学习目标】

（1）了解表面粗糙度对机械零件使用性能的影响。

（2）理解规定取样长度及评定长度的目的及中线的作用。

（3）掌握表面粗糙度的高度参数。

（4）了解表面粗糙度的间距特性参数。

（5）掌握表面粗糙度参数和参数值的选用原则和方法。

（6）熟练掌握表面粗糙度技术要求在零件图上标注的方法。

表面粗糙度是指零件表面加工后，形成的由较小间距和峰谷组成的微观几何形状误差。它是在机械加工中，由于切削时的切削刀痕、表面撕裂、振动和摩擦等原因在被加工表面上产生的间距较小的高低不平的几何形状。

通常，波距小于 1 mm 的属于表面粗糙度；波距在 1 ~ 10 mm 的属于表面波纹度；波距大于 10 mm 的属于形状误差。表面粗糙度影响零件的耐磨性、强度、抗腐蚀性、配合性质的稳定性。此外，表面粗糙度还影响零件的密封性、外观和检测精度等。因此，在保证零件尺寸、形状和位置精度的同时，对表面粗糙度也应该进行控制。

为了保证零件的互换性，提高产品以及正确地标注、测量和评定表面粗糙度，参照国际标准（ISO）我国制定了 GB/T 3505—2009《产品几何技术规范（GPS）表面结构 轮廓法 术语、定义及表面结构参数》、GB/T 10610—2009《产品几何技术规范（GPS）表面结构 轮廓法 评定表面结构的规则和方法》、GB/T 1031—2009《产品几何技术规范（GPS）表面结构 轮廓法 表面粗糙度参数及其数值》和 GB/T 131—2006《产品几何技术规范（GPS）技术产品文件中表面结构的表示法》等国家标准。

4.1 表面粗糙度对零件性能的影响

1. 影响配合性质

对于间隙配合的零件，表面粗糙就容易形成磨损，使间隙很快增大，甚至破坏配合性质。特别是在小尺寸、高精度的情况下，表面粗糙度对配合性质的影响更大。对于过盈配合，表面粗糙会减小实际有效过盈，降低连接强度。

2. 影响零件强度

零件表面越粗糙，对应力集中越敏感，特别是在交变载荷的作用下，影响更大。例如，发动机的曲轴往往因为这种原因表面被破坏，所以对曲轴这类零件的沟槽或圆角处的表面粗糙度，应有严格的要求。

3. 影响零件的耐磨损性

当两个零件接触并产生相对运动时，零件工作表面之间的摩擦会增加能量的耗损，因为需要克服起伏不平的表面峰谷之间的阻力。表面越粗糙，摩擦系数就越大，因摩擦而消耗的能量也就越大。此外，表面越粗糙，配合表面间的实际有效接触面积越小，单位压力越大，更易磨损。

因此，减少零件表面的粗糙程度，可以减小摩擦系数，对工作机械可以提高传动效率，对动力机械可以减少摩擦损失，增加输出功。此外，还可以减少零件表面的磨损，延长机器的使用寿命。但是，表面过于光洁，会不利于润滑油的储存，容易使工作面间形成半干 摩擦甚至干摩擦，反而使摩擦系数增大，从而加剧磨损。同时，由于配合表面过于光洁，还增加了零件接触表面之间的吸附力，也会使摩擦系数增大，加速磨损。

4. 影响零件的抗腐蚀性

表面越粗糙，积聚在零件表面上的腐蚀性气体或液体也越多，而且会通过表面的微观凹谷向零件表面层渗透，使腐蚀加剧。

5. 影响零件的疲劳强度

微观几何形状误差的轮廓谷，是造成应力集中的因素。零件越粗糙，对应力集中越敏感，特别是当零件承受交变载荷时，由于应力集中的影响，使零件疲劳强度降低，导致零件表面产生裂纹而损坏。

6. 影响机器和仪器的工作精度

表面粗糙不平，摩擦系数大，磨损也大，不仅会降低机器或仪器零件运动的灵敏性，而且影响机器或仪器工作精度的保持。由于粗糙表面的实际有效接触面积小，在相同负荷下，接触表面的单位面积压力增大，使表面层的变形增大，即表面层的接触刚度变差，影响机器的工作精度。因此，零件表面粗糙程度越小，机器或仪器的工作精度就越高。

4.2 表面粗糙度的基本术语

4.2.1 取样长度与评定长度

1. 取样长度 l_r

取样长度用于评定具有表面粗糙度特征的一段基准线长度。规定这段长度是为了限制和减弱表面波纹度对表面粗糙度测量结果的影响。取样长度应与被测表面的粗糙度相适应。

表面越粗糙，取样长度一般取得越大。

2. 评定长度 l_n

评定长度是为了充分合理地反映某一表面的粗糙度特性，规定在评定时所必需的一段表面长度，包含有一个或几个取样长度的长度。评定长度一般按 5 个取样长度来确定。

4.2.2　中线

中线是具有几何轮廓形状并划分轮廓的基准线。基准线有下列两种：轮廓最小二乘中线和轮廓算术平均中线。

1. 轮廓最小二乘中线 m

轮廓的最小二乘中线是在取样长度范围内，实际被测轮廓线上的各点至一条假想线的距离平方和为最小，这条假想线就是最小二乘中线，如图 4.1 所示。

$$\sum_{i=1}^{n} Z_i^2 = \min \tag{4.1}$$

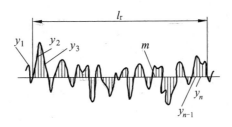

图 4.1　轮廓最小二乘中线

2. 轮廓算术平均中线 m

轮廓的算术平均中线是在取样长度范围内，将实际轮廓划分上下两部分，且使上部分面积之和等于下部分面积之和的一条假想直线，如图 4.2 所示。

$$F_1+F_2+\cdots+F_i=F_1'+F_2'+\cdots+F_j' \tag{4.2}$$

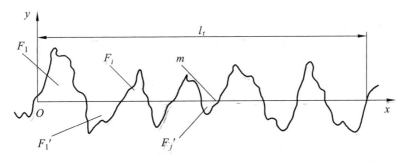

图 4.2　轮廓算术平均中线

在实际评定和测量表面粗糙度时，通常采用目测估计法来确定算术平均中线。而且通常采用的基准线为轮廓算术平均中线。

4.3 表面粗糙度的评定参数

表面粗糙度的评定参数，是用来定量描述零件表面微观几何形状特征的。评定参数应从轮廓的算术平均偏差 Ra 和轮廓最大高度 Rz 两个主要评定参数中选取。除此之外两个幅度（高度）参数外，根据表面功能的需要，还可以从轮廓单元的平均宽度 Rsm 和轮廓支承长度率 $Rmr（c）$ 两个附加参数中选取。

1. 轮廓的算术平均偏差 Ra

在一个取样长度内，轮廓上各点到中线纵坐标绝对值的算术平均值，记为 Ra。如图4.3所示。

$$Ra = \frac{1}{l_r} \int_0^{l_r} |y(x)| \, \mathrm{d}x \tag{4.3}$$

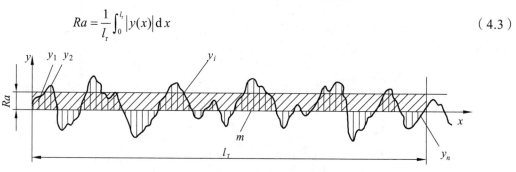

图4.3　轮廓算术平均偏差 Ra

2. 轮廓的最大高度 Rz

在一个取样长度内，最大轮廓峰高 y_p 和最大轮廓谷深 y_v 之和，记为 Rz。如图4.4所示。

$$Rz = y_p + y_v = \max\{y_{pi}\} + \max\{y_{vi}\} \tag{4.4}$$

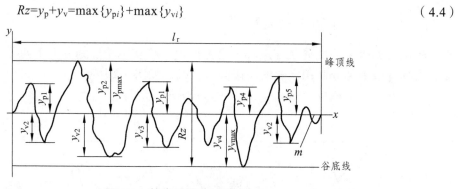

图4.4　轮廓的最大高度 Rz

3. 轮廓单元的平均宽度 Rsm

轮廓单元的平均宽度是指在一个取样长度内，粗糙度轮廓单元宽度的平均值，如图4.5所示。

$$Rsm = \frac{1}{m} \sum_{i=1}^{m} Xs_i \tag{4.5}$$

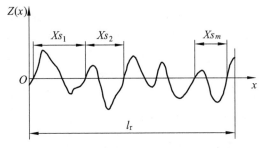

图 4.5　轮廓单元的平均宽度 Rsm

4. 轮廓的支承长度率 $Rmr(c)$

轮廓的支承长度率是指在给定水平位置 c 上轮廓的实体材料长度 $Ml(c)$ 与评定长度 l_n 的比率，$Rmr(c)$ 与表面轮廓形状有关，是反映表面耐磨性能的指标，如图 4.6 所示。

$$Rmr(c) = \frac{Ml(c)}{l_n} = \frac{Ml_1 + Ml_2 + \cdots + Ml_m}{l_n} \tag{4.6}$$

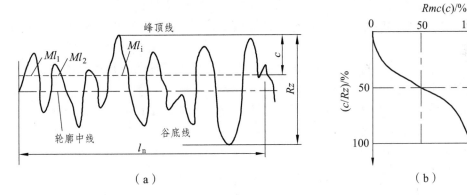

图 4.6　轮廓支承长度率曲线

4.4　表面粗糙度的选择

4.4.1　表面粗糙度评定参数的选择

（1）在具体选用时要根据零件的功能要求、材料性能、结构特点以及测量的条件等情况适当选用。如果没有特殊要求，一般仅选用幅度（高度）参数（Ra，Rz）。在常用的参数值范围内（Ra 为 0.025 ~ 6.3 μm，Rz 为 0.1 ~ 25 μm），推荐优先选用 Ra 值。但在以下情况不宜选用 Ra。

① 当表面过于粗糙或太光滑时，可选用 Rz。

② 当零件材料较软时，不能选用 Ra。因为 Ra 值一般采用触针测量，如果用于较软材料的测量，不仅会划伤零件表面，而且测得结果也不准确。

③ 当测量面积很小时，可以选用 Rz 值。

（2）当表面有特殊功能要求时，可同时选用几个参数综合控制表面质量。

① 当表面要求耐磨时，可以选用 Rz，Rsm 和 $Rmr(c)$。

② 当表面要求承受交变应力时，可以选用 Rz，Rsm。

③ 当表面着重要求外观质量和可漆性时，可选用 Rsm。

4.4.2　表面粗糙度参数的选择原则

表面粗糙度评定参数值的选用既要满足零件表面功能的要求，也要考虑到加工的经济性。一般来说，表面粗糙度数值越小，制造成本越高。因此，在满足使用性能要求的前提下，应尽可能选用较大的评定参数值。

确定零件表面粗糙度评定参数值时，除有特殊要求的表面外，类比法是通常采用的方法。一般可考虑按下述原则选用评定参数值。

（1）同一零件上，工作表面的表面粗糙度值应比非工作表面小。

（2）摩擦表面的表面粗糙度值小于非摩擦表面；滚动摩擦表面的表面粗糙度值小于滑动摩擦表面；运动速度高、单位压力大的摩擦表面，表面粗糙度值应小。

（3）承受交变动载荷的零件表面以及易引起应力集中的部位（圆角、沟槽等），表面粗糙度值应小。

（4）配合性质要求稳定的较小间隙的间隙配合和承受重载荷的过盈配合的结合表面，应选用较小的表面粗糙度值。

（5）配合性质相同，零件尺寸越小时，表面粗糙度值应越小；同一公差等级，小尺寸比大尺寸、轴比孔的表面粗糙度值要小。

（6）配合零件的表面粗糙度值应与尺寸及几何公差相协调。通常尺寸及几何公差值小时，表面粗糙度值也小；尺寸公差较大的表面，其表面粗糙度值不一定也很大。例如，医疗器械、机床的手轮、手柄的表面，为了造型美观，操作舒适，都要求表面很光滑。

4.4.3　表面粗糙度参数值的选用方法

在选择参数值时，通常可参照一些经过验证的实例，用类比法确定。一般情况下，如设表面几何公差值为 T，尺寸公差为 IT，则它们与表面粗糙度参数值之间的对应关系为

若 $T \approx 0.6IT$，则 $Ra \leqslant 0.05IT$，$Rz \leqslant 0.2IT$。

若 $T \approx 0.4IT$，则 $Ra \leqslant 0.025IT$，$Rz \leqslant 0.1IT$。

若 $T \approx 0.25IT$，则 $Ra \leqslant 0.012IT$，$Rz \leqslant 0.05IT$。

若 $T < 0.25IT$，则 $Ra \leqslant 0.15T$，$Rz \leqslant 0.6T$。

4.5　表面粗糙度的标注

国标 GB/T 131—2006 对表面粗糙度符号、代号及其标注方法作了的规定。

4.5.1　表面粗糙度的符号

图样上表示的零件表面粗糙度符号及其说明见表 4.1。

表 4.1　表面粗糙度符号

符号	意义及解释
$\checkmark$	基本图形符号，表示表面可用任何工艺获得。仅用于简化代号的标注，没有补充说明时不能单独使用。
$\forall$	扩展图形符号，基本符号加一短横，表示表面是用去除材料的方法获得，如通过机械加工获得的表面。
$\forall$	扩展图形符号，基本符号加一小圆，表示表面是用不去除材料的方法获得。也可用于表示保持上道工序形成的表面，不管这种状况是通过去除材料或不去除材料形成的。
$\checkmark\ \forall\ \forall$	完整图形符号，用于标注表面结构特征的补充信息
$\checkmark\ \forall\ \forall$	在上述三个符号上均可加一小圆，表示所有表面具有相同的表面粗糙度要求。

注：摘自 GB/T 131—2006。

4.5.2　表面粗糙度的注写位置

表面粗糙度的代号、数值及其有关规定在符号中注写的位置，如图 4.7 所示。

位置 a：有关评定参数及数值的信息（第一个要求），包括传输带或取样长度（mm）/粗糙度参数代号，评定长度，极限判断规则，评定参数数值（μm）。

位置 b：有关评定参数及其数值的信息（第二个要求）。

位置 c：加工要求、镀覆、涂覆、表面处理或其他说明等。

位置 d：加工纹理方向符号。

位置 e：加工余量（mm）。

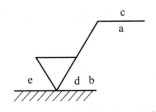

图 4.7　表面粗糙度代号注法

4.5.3　加工纹理方向符号介绍

零件加工时，若需要控制表面加工纹理方向时，需在图 4.7 的规定之处，标注加工纹理方向符号。国家标准规定的各种加工纹理方向的符号见表 4.2。

表 4.2　加工纹理方向的符号

符　号	图例与说明	符　号	图例与说明
=	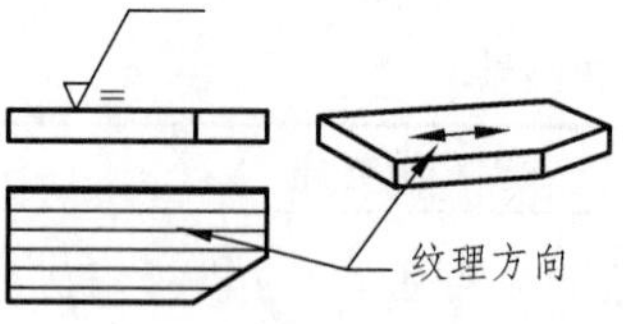 纹理沿平行方向	C	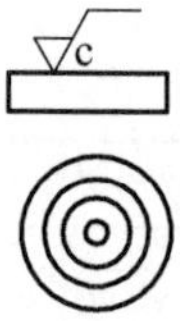 纹理为近似同心圆
⊥	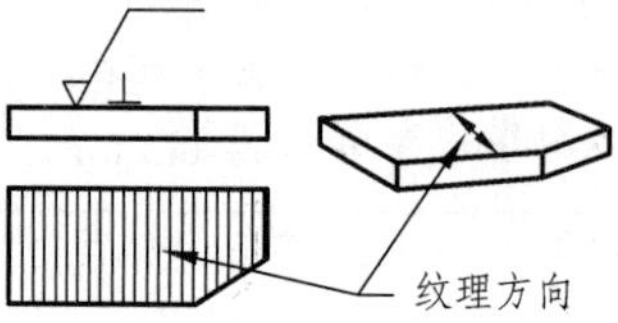 纹理沿垂直方向	R	 纹理近似为通过表面中心的辐线
×	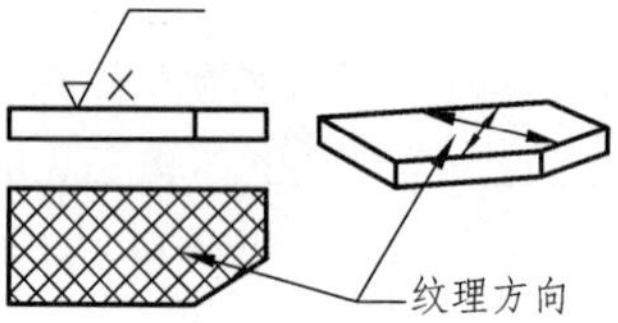 纹理沿交叉方向	P	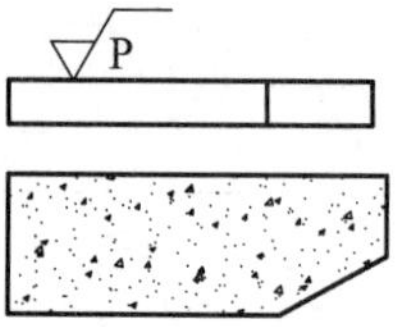 纹理无方向或呈凸起的颗粒状
M	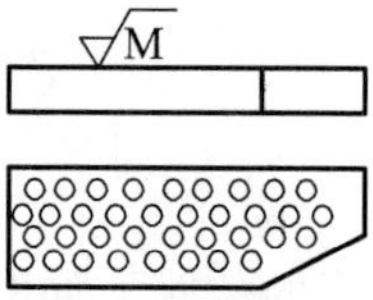 纹理呈多方向		

4.5.4　极限值判断规则

表面粗糙度参数中给定的极限值的判断规则有两种：

（1）"16%规则"　在同一评定长度下的表面粗糙度参数的全部实测值中，最多允许有 16%超过允许值。该规则为默认规则。

（2）"最大规则"　当要求表面粗糙度参数的所有实测值不得超过规定值时，称为"最大规则"。通常用 max 表示。

4.5.5　表面粗糙度标注示例

表面粗糙度各种标注方法及其意义见表 4.3。

表 4.3　表面粗糙度标注示例

代号示例	含义/解释
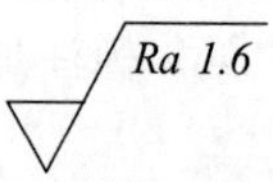 $\sqrt{}$ $Ra\ 1.6$	表示去除材料，单向上限值，默认传输带，R 轮廓，粗糙度算术平均偏差 1.6 μm，评定长度为 5 个取样长度（默认），"16%规则"（默认）

代号示例	含义/解释
$\sqrt{}$ *Rz max 0.2*	表示不允许去除材料，单向上限值，默认传输带，*R* 轮廓，粗糙度最大高度的最大值 0.2 μm，评定长度为 5 个取样长度（默认），"最大规则"
$\sqrt{}$ *U Ra max 3.2* *L Ra 0.8*	表示不允许去除材料，双向极限值，两极限值均使用默认传输带，*R* 轮廓，上限值：算术平均偏差 3.2 μm，评定长度为 5 个取样长度（默认），"最大规则"，下限值：算术平均偏差 0.8 μm，评定长度为 5 个取样长度（默认），"16%规则"（默认）
铣 $\sqrt{}$ *-0.8/Ra3 6.3* $\perp$	表示去除材料，单向上限值，传输带：根据 GB/T 6062，取样长度 0.8 mm，*R* 轮廓，算术平均偏差极限值 6.3 μm，评定长度包含 3 个取样长度，"16%规则"（默认），加工方法：铣削，纹理垂直于视图所在的投影面

4.5.6　表面粗糙度在图样上的标注方法

在同一图样中，表面粗糙度要求尽量与其他技术要求标注在同一视图中。一个表面一般只标注一次。表面粗糙度的注写和读取方向与尺寸的注写和读取方向一致。

表面粗糙度可标注在轮廓线上，其符号应从材料外指向并接触表面，如图 4.8 所示。必要时，表面粗糙度也可以用带箭头或黑点的指引线引出标注，如图 4.9 所示。

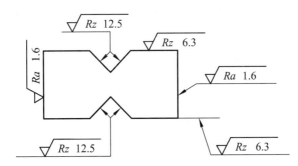

图 4.8　表面粗糙度在轮廓线上的标注

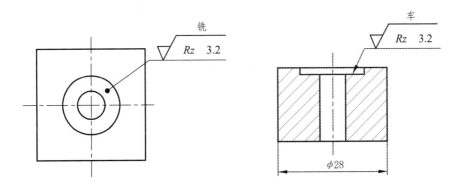

图 4.9　用指引线引出标注表面粗糙度

表面粗糙度，一般还可标注在几何公差框格的上方，如图 4.10 所示。

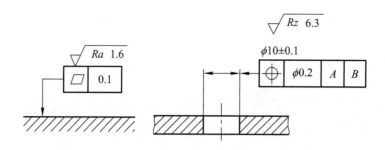

图 4.10　表面粗糙度标注在几何公差框格的上方

在不致引起误解时，表面结构要求可以标注在给定的尺寸线上，如图 4.11 所示。

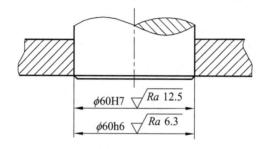

图 4.11　表面粗糙度标注在尺寸线上

如果在工件的多数表面有相同的表面结构要求，则其表面结构要求可统一标注在图样的标题栏附近。此时，表面结构要求的代号后面应有以下两种情况：① 在圆括号内给出无任何其他标注的基本符号，如图 4.12（a）所示。② 在圆括号内给出不同的表面结构要求，如图 4.12（b）所示。

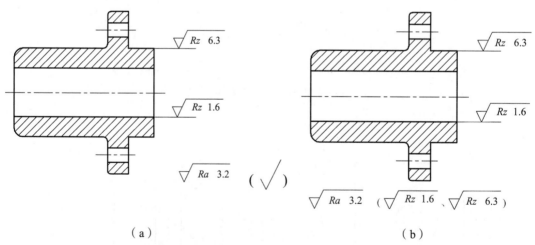

（a）　　　　　　　　　　　　　　　（b）

图 4.12　多数表面有相同的表面结构要求时的标注法

当多个表面有相同的表面结构要求或图纸空间有限时，可以采用简化注法。

（1）用带字母的完整图形符号，以等式的形式，在图形或标题栏附近，对有相同表面结构要求的表面进行简化标注，如图 4.13（a）所示。

（2）用基本图形符号或扩展图形符号，以等式的形式给出对多个表面共同的表面结构要求，如图 4.13（b）所示。

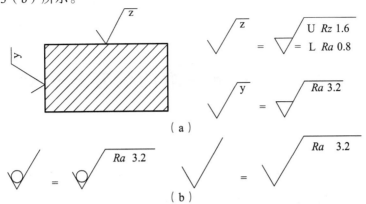

（a）

（b）

图 4.13　多个表面有相同的表面结构要求或图样空间有限时的标注法

第5章　滚动轴承的公差与配合

【学习目标】

（1）掌握滚动轴承的公差与配合标准。
（2）掌握滚动轴承公差等级的划分。
（3）掌握滚动轴承内、外圈公差带的特点。
（4）掌握如何选用滚动轴承与轴颈及外壳孔的配合。

5.1　概　述

5.1.1　滚动轴承的基本结构

滚动轴承是机器上广泛应用的一种作为传动支承的标准化部件。它既可用于支承旋转的轴，又可减少轴与支承部件之间的摩擦力，因此广泛应用于机械传动中。滚动轴承的基本结构一般由内圈、外圈、滚动体（钢球、滚柱或滚针）和保持架（隔离圈）组成，如图 5.1（a）所示。滚动轴承的内径 d 和外径 D 是配合的公称尺寸，其通过这两个尺寸分别与轴径和外壳孔径相配合。

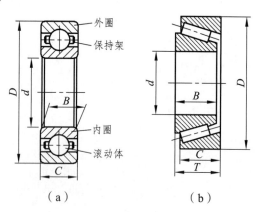

图 5.1　滚动轴承

5.1.2　滚动轴承的分类

滚动轴承按其承受负荷的方向，可分为向心轴承（又称径向轴承，承受径向负荷）、推力轴承（承受轴向负荷）、向心推力轴承（同时承受径向负荷和轴向负荷）；按其滚动体结构，可分为球轴承、圆柱（圆锥）滚子轴承、滚针轴承。

5.1.3　滚动轴承的互换性

滚动轴承由专业工厂生产，它是具有两种互换性的部件。滚动轴承内圈 d 与轴颈配合（基孔制），外圈 D 与外壳体孔径配合（基轴制），采用完全互换；而滚子与滚道直径之间，因装配精度高、加工困难，采用不完全互换。滚动轴承的工作性能取决于轴承本身的制造精度，同时也与轴颈及壳体孔配合性质、尺寸精度、几何公差和表面粗糙度等因素有关。

为了实现滚动轴承互换性要求，我国制定了滚动轴承的公差标准，它不仅规定了滚动轴承本身的尺寸公差、旋转精度、测量方法，还规定可与滚动轴承相配的箱体孔和轴颈的尺寸公差、几何公差以及表面粗糙度。

5.2　滚动轴承的公差等级及应用

5.2.1　滚动轴承的公差等级

滚动轴承的公差等级，按尺寸公差和旋转精度分级。前者是指轴承内径 d、外径 D，内圈宽度 B、外圈宽度 C 和装配高 T 的尺寸公差，如图 5.1（b）所示；后者是指成套轴承内、外圈的径向跳动和轴向跳动，内圈端面对内孔的垂直度以及外圈外表面对端面的垂直度等。国家标准 GB/T 307.3—2005《滚动轴承　通用技术规则》中规定：

（1）向心轴承的公差等级分为 0，6，5，4，2 五级。

（2）圆锥滚子轴承的公差等级分为 0，6X，5，4，2 五级。

（3）推力轴承的公差等级分为 0，6，5，4 四级。

从 0 至 2 级，精度依次增高。

5.2.2　滚动轴承公差等级的应用

0 级——普通级轴承，应用最广，通常用于旋转精度要求不高、中等负荷、中等转速的一般机构中。例如，普通机床进给机构中的轴承，汽车和拖拉机变速机构中的轴承，普通电机、水泵、压缩机等一般通用机械旋转机构中的轴承等。

6 级——用于旋转精度或旋转速度较高的旋转机构中，例如，普通车床、铣床的传动轴承，精密车床、铣床的后轴承等。

5，4 级——用于旋转精度和旋转速度都高的旋转机构中，例如，精密机床的主轴轴承，精密仪器仪表的主要轴承等。

2 级——用于旋转精度和旋转速度要求特别高的旋转机构，例如，高精度坐标镗床、高精度齿轮磨床和精密丝杆车床的主轴轴承等。

2，4，5，6 级轴承统称为高精度轴承，在各类金属切削机床中应用广泛，其应用范围可参照表 5.1。

表 5.1　金属切削机床主轴轴承公差等级

轴承类型	公差等级	应用情况
单列向心球轴承	4，2	高精度磨床，丝锥磨床，螺纹磨床，磨齿机，插齿刀磨床（2 级）
角接触球轴承	5	精密镗床，内圆磨床，齿轮加工机床
	6	普通车床，铣床
双列圆柱滚子轴承	4	精密丝杠车床，高精度车床，高精度外圆磨床
	5	精密车床，精密铣床，六角车床，普通外圆磨床，多轴车床，镗床
	6	普通车床，铣床，自动车床，立式车床
圆锥滚子轴承	2，4	坐标镗床（2 级），磨齿机（4 级）
	5	精密车床，精密铣床，镗床，精密六角车床，滚齿机
	6x	普通车床，铣床
圆柱/调心滚子轴承	6	精密车床及铣床的后轴承
推力球轴承	6	一般精度机床

5.3　滚动轴承内、外径的公差带

滚动轴承的内圈和外圈都是薄壁零件，精度要求很高，在制造、保管和自由状态时，容易变形。但当轴承内圈与轴配合，外圈与外壳孔配合后，这种微量变形也容易得到矫正。

根据上述特点，滚动轴承公差的国家标准不仅规定了两种尺寸公差，还规定了两种形状公差。其目的是控制轴承的变形程度、轴承与轴和壳体孔配合的尺寸精度。

5.3.1　滚动轴承的尺寸公差

（1）轴承单一内径 d_s 和外径 D_s 分别与公称直径 d 和 D 之差，即单一内径偏差 $\Delta d_s=d_s-d$ 和外径偏差 $\Delta D_s=D_s-D$，用于控制轴承单一内、外径偏差。

（2）轴承单一平面平均内径 $d_{mp}=(d_{smax}+d_{smin})/2$ 和外径 $D_{mp}=(D_{smax}+D_{smin})/2$ 分别与公称直径 d 和 D 之差，即单一平面平均内径偏差 $\Delta d_{mp}=d_{mp}-d$ 和外径偏差 $\Delta D_{mp}=D_{mp}-D$，用于控制轴承与轴和外壳孔的配合尺寸偏差。

（3）轴承单一平面内、外径变动量 $V_{dsp}=d_{smax}-d_{smin}$ 和 $V_{Dsp}=D_{smax}-D_{smin}$，用于控制轴承单一平面内、外径圆度误差。

（4）轴承单一平面平均内、外径变动量 $V_{dmp}=d_{mpmax}-d_{mpmin}$ 和 $V_{Dmp}=D_{mpmax}-D_{mpmin}$，用于控制轴承与轴和外壳孔配合面上的圆柱度误差。

（5）轴承内圈、外圈单一宽度 B_s 和 C_s 分别与其公称尺寸 B 和 C 之差，即轴承内、外圈单一宽度偏差 $\Delta B_s=B_s-B$ 和 $\Delta C_s=C_s-C$，用于控制内、外圈宽度实际偏差。

（6）轴承内、外圈宽度变动量 $V_{Bs}=B_{smax}-B_{smin}$ 和 $V_{Cs}=C_{smax}-C_{smin}$，用于控制内、外圈宽度方向的形位误差。

滚动轴承是标准部件，其内、外圈与轴颈和外壳孔的配合表面无须再加工，为了便于互换和大批量生产，轴承内圈与轴颈的配合采用基孔制，外圈与外壳孔的配合采用基轴制。表 5.2 列出了部分向心轴承的 Δd_{mp} 和 ΔD_{mp} 的极限值，用于参考。

表 5.2　部分向心轴承 Δd_{mp} 和 ΔD_{mp}

公差等级			0		6		5		4		2	
基本直径/mm			极限偏差/μm									
大于		到	上偏差	下偏差	上偏差	下偏差	上偏差	下偏差	上偏差	下偏差	上偏差	下偏差
内圈	18	30	0	−10	0	−8	0	−6	0	−5	0	−2.5
	30	50	0	−12	0	−10	0	−8	0	−6	0	−2.5
外圈	50	80	0	−13	0	−11	0	−9	0	−7	0	−4
	80	120	0	−15	0	−13	0	−10	0	−8	0	−5

5.3.2　滚动轴承的旋转精度

滚动轴承旋转精度评定参数主要有，成套轴承内、外圈的径向跳动 K_{ia} 和 K_{ea}，成套轴承内、外圈的轴向跳动 S_{ia} 和 S_{ea}，内圈端面对内孔的垂直度 S_d，外圈外表面对端面的垂直度 S_D，成套轴承外圈凸缘背面轴向跳动 S_{ea1}，外圈外表面对凸缘背面的垂直度 S_{D1}。相关数据可查阅滚动轴承标准数据。

5.3.3　滚动轴承内、外径公差带特点

滚动轴承内圈与轴配合应采用基孔制，但内径公差带位置与一般基准孔相反。国标规定 0，6，5，4，2 各级轴承的单一平面平均内径 d_{mp} 的公差带都分布在零线下侧，即上偏差为零，下偏差为负值。主要考虑到大多数情况下，轴承内圈随轴一起转动，两者之间需要有不宜过大的过盈配合，便于拆卸又防止内圈胀大变形。若像一般基准孔的公差带分布在零线上侧，再采用过盈配合，会导致过盈太大；若改用过度配合又可能出现间隙，导致配合不可靠；若采用非标准配合又违反了标准化和互换性原则。

滚动轴承外径与外壳体孔配合采用基轴制，一般两者之间不需要配合太紧。因此，国标对所有精度级轴承的单一平面平均外径 D_{mp} 的公差带位置仍按一般基准轴的规定，分布在零线下侧，即上偏差为零，下偏差为负值，如图 5.2 所示。

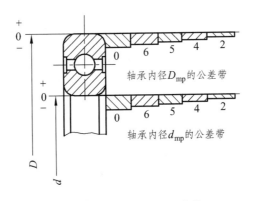

图 5.2　轴承内、外径公差带图

5.4 滚动轴承配合及选用

5.4.1 滚动轴承配合件公差带

滚动轴承配合件是指与滚动轴承内圈孔和外圈轴相配合的传动轴轴颈和箱体外壳孔。由于滚动轴承是标准件，轴承内圈与轴径的配合为基孔制，轴承外圈与外壳的配合为基轴制。需指出，由于轴承公差带均采用上极限偏差为零、下极限偏差为负的单项制分布，故轴承内圈与轴颈的配合比相应光滑圆柱体按基孔制形成的配合更紧。

国家标准 GB/T 275—1993 对与 0 级和 6 级轴承配合的轴颈规定了 17 种公差带，对外壳孔规定了 16 中公差带，如图 5.3 所示。

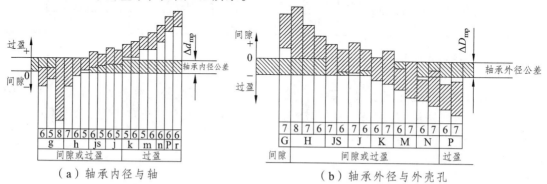

（a）轴承内径与轴　　　　　　　　　（b）轴承外径与外壳孔

图 5.3　滚动轴承与轴和外壳孔的配合

该标准的适用范围如下：

（1）轴承的游隙为基本组径向游隙。

（2）轴为实心或厚壁钢制轴。

（3）外壳为铸钢或铸铁。

滚动轴承配合国家标准推荐了与 0，6，5，4，2 级轴承相配合的轴和外壳孔的公差带，参见表 5.3。

表 5.3　与滚动轴承各级精度相配合的轴颈和外壳孔公差带

轴承精度	轴公差带		外壳孔公差带		
	过渡配合	过盈配合	间隙配合	过渡配合	过盈配合
0 级	g8　　g6　　g5 h7　　h6　　h5 j6　　j5　　js6	k6　　k5 m6　　m5 n6　　p6　　r6	G7 H8 H7 H6	J7　　J6　　JS7　　JS6 K7　　K6　　M7　　M6 N7　　N6	P7 P6
6 级	g6　　g5 h6　　h5 j6　　j5　　js6	k6　　k5 m6　　m5 n6　　p6　　r6	G7 H8 H7 H6	J7　　J6　　JS7　　JS6 K7　　K6　　M7　　M6 N7　　N6	P7 P6
5 级	h5 j5　　js5	k6　　k5 m6　　m5	H6	JS6 K6　　M6	
4 级	h5　　js5 h4	k5　　m5		K6	

注：① 孔 N6 与 G 级精度轴承（外径 D＜150 mm）和 E 级精度轴承（外径 D＜315 mm）的配合过盈配合。

　　② 轴 r6 用于内径 d＞120～500 mm；轴 r7 用于内径 d＞180～500 mm。

5.4.2　滚动轴承配合件的选用

正确地选择轴承的配合，对保证机器正常运转、提高轴承使用寿命、充分发挥其承载能力影响很大，选择时主要考虑以下因素：

1．负荷类型

轴承转动时，根据作用于轴承上合成径向负荷相对套圈的旋转情况，可将所示负荷分为局部负荷、循环负荷和摆动负荷 3 类，如图 5.4 所示。

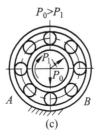
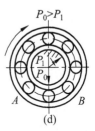

| (a) | (b) | (c) | (d) |

内圈—循环负荷　　内圈—局部负荷　　内圈—循环负荷　　内圈—摆动负荷
外圈—局部负荷　　外圈—循环负荷　　外圈—摆动负荷　　外圈—循环负荷

图 5.4　滚动轴承的负荷类型

（1）局部负荷。

径向负荷始终不变地作用在套圈滚道的局部区域上，如图 5.4（a）中外圈和（b）中内圈所示。承受这类负荷的套圈与壳体孔或轴的配合，一般选较松的过渡配合，或较小的间隙配合，以便让套圈滚道间的摩擦力矩带动转矩，延长轴承的使用寿命。

（2）循环负荷。

径向负荷相对于套圈旋转，并顺次作用在套圈滚道的整个圆周上，如图 5.4（a）、（c）的内圈，（b）、（d）的外圈所示。通常承受循环负荷的套圈与轴（或壳体孔）相配应选过盈配合或较紧的过渡配合，其过盈量的大小以不使套团与轴或壳体孔配合表面间产生爬行现象为原则。

（3）摆动负荷。

大小和方向按一定规律变化的径向负荷作用在套圈的部分滚道上，此时套圈相对于负荷方向摆动，如图 5.4（c）固定的外圈、（d）固定的内圈所示。承受摆动负荷的套圈，其配合要求与循环负荷相同或略松一些。

2．负荷大小

滚动轴承套圈与轴或壳体孔配合的最小过盈，取决于负荷的大小。一般把径向负荷 $P \leqslant 0.07\,C$ 的称为轻负荷，$0.07\,C < P \leqslant 0.15\,C$ 称为正常负荷，$P > 0.15\,C$ 的称为重负荷。其中 C 为轴承的额定负荷，即轴承能够旋转 10^6 次而不发生点蚀破坏的概率为 90% 时的载荷值。

承受较重的负荷或冲击负荷时，将引起轴承较大的变形，使结合面间实际过盈减小和轴承内部的实际间隙增大，这时为了使轴承运转正常，应选较大的过盈配合。同理，承受较轻的负荷，可选用较小的过盈配合。

当轴承内圈承受循环负荷时，它与轴配合所需的最小过盈 $Y_{\min 计算}$（mm）为

$$Y_{\min \text{计算}} = \frac{-13Fk}{10^6 b} \tag{5.1}$$

式中　F——轴承承受的最大径向负荷，kN；

　　　　k——与轴承系列有关的系数，轻系列取 2.8，中系列取 2.3，重系列取 2；

　　　　b——轴承内圈的配合宽度，$b=B-2r$，B 为轴承宽度，r 为内圈倒角，m。

为避免套圈破裂，最大过盈 $Y_{\min \text{计算}}$（mm）必须按不允许超出套圈的允许强度来计算

$$Y_{\max \text{计算}} = \frac{-11.4kd[\sigma_p]}{(2k-2) \times 10^3} \tag{5.2}$$

式中　$[\sigma_p]$——允许的拉应力，10^5Pa，轴承钢的拉应力 $[\sigma_p] \approx 400 \times 10^5$ Pa；

　　　　d——轴承内圈内径，m。

根据计算得到的 $Y_{\min \text{计算}}$，便可从国标"公差与配合"表中选取最接近的配合。

3. 径向游隙

GB/T 4604.1—2012《滚动轴承　游隙　第 1 部分：向心轴承的径向游隙》规定，向心轴承的径向游隙共分为 5 组：2 组、0 组、3 组、4 组、5 组，游隙的大小依次由小到大，其中 0 组为基本游隙组，应优先选用。

游隙过大，会引起较大的径向跳动和轴向窜动，使轴承产生较大的振动和噪声。游隙过小，则会使轴承滚动体与套圈间产生较大的接触应力，并增加轴承摩擦发热，致使轴承寿命降低。因此，游隙的大小应适度。

若轴承具有 0 组游隙，在常温状态的一般条件下工作时，轴承与轴颈和外壳孔配合的过盈量较恰当。若轴承具有的游隙比 0 组游隙大，则配合的过盈应增大。若轴承具有的游隙比 0 组游隙小，则配合的过盈应减小。

4. 工作温度的影响

轴承工作时，由于摩擦发热和其他热源的影响，套圈的温度往往高于相配零件的温度，而由于套圈的热膨胀，可能会引起内圈与轴的配合松动，外圈与孔的配合变紧。因此，轴承工作温度一般应低于 100 ℃，在高于此温度中工作的轴承，应将所选用的配合适当修正。

5. 轴承尺寸大小

滚动轴承的尺寸越大，选取的配合应越紧。但对于重型机械上使用的特别大尺寸的轴承，应采用较松的配合。

6. 旋转精度和速度的影响

对于负荷较大、有较高旋转精度要求的轴承，为消除弹性变形和振动的影响，应避免采用间隙配合。对精密机床的轻负荷轴承，为避免孔和轴的形状误差对轴承精度的影响，常采用较小的间隙配合。

7. 其他因素的影响

空心轴颈比实心轴颈、薄壁壳体比厚壁壳体、轻合金壳体比钢或铸铁壳体采用的配合

要紧些；而剖分式壳体比整体式壳体采用的配合要松些，以免过盈将轴承外圈夹扁，甚至将轴卡住，当紧于 k7 的配合或壳体孔的标准公差小于 IT6 级时，应选用整体式壳体。

当要求轴承的内圈或外圈能沿轴向游动时，该内圈与轴或外圈与壳体孔的配合应选较松的配合。

为了考虑轴承安装与拆卸的方便，特别是对于重型机械，宜采用较松的配合。若既要求装拆方便，又需紧配合时，可采用分离型轴承或采用内圈带锥孔、带紧定套或退卸套的轴承。

综上所述，影响滚动轴承配合选用的因素较多，通常难以用计算法确定，所以在实际生产中常用类比法选取，表 5.4 ~ 表 5.7 供选用时参考。

表 5.4　向心轴承和轴的配合（轴公差带代号）

圆 柱 孔 轴 承					
运 转 状 态		负荷状态	深沟球轴承、调心球轴承和角接触球轴承	圆柱和圆锥滚子轴承	调心滚子轴承	公差带
说　明	举　例		轴承公差内径/mm			
旋转的内圈负荷及摆动负荷	一般通用机械、电动机、机床主轴、泵、内燃机、正齿轮传动装置、铁路机车车辆轴箱、破碎机等	轻负荷	≤18	—	—	h5
			>18 ~ 100	≤40	≤40	j6[①]
			>100 ~ 200	>40 ~ 140	>40 ~ 100	k6[①]
			—	>140 ~ 200	>100 ~ 200	m6[①]
		正常负荷	≤18	—	—	j6, js5
			>18 ~ 100	≤40	≤40	k5[②]
			>100 ~ 140	>40 ~ 100	>40 ~ 65	m5[②]
			>140 ~ 200	>100 ~ 140	>65 ~ 100	m6
			>200 ~ 280	>140 ~ 200	>100 ~ 140	n6
			—	>200 ~ 400	>140 ~ 280	p6
			—	—	>280 ~ 500	r6
		重负荷		>50 ~ 140	>50 ~ 100	n6
				>140 ~ 200	>100 ~ 140	p6
				>200	>140 ~ 200	r6
				—	>200	r7
固定的内圈负荷	静止轴上的各种轮子、张紧线轮、振动筛、惯性振动器	所有负荷	所用尺寸			f6[①] g6[①] h6 j6
仅有轴向负荷		所用尺寸				j6, js6
圆 锥 孔 轴 承					
所有负荷	铁路机车车辆轴箱	装在退卸套上的所有尺寸				h8(IT6)[④⑤]
	一般机械传动	装在紧定套上的所有尺寸				h9(IT6)[④⑤]

注：① 凡对精度有较高要求的场合，应用 j5，k5…代替 j6，k6…。
　　② 圆锥滚子轴承、角接触球轴承配合对游隙影响不大，可用 k6，m6 代替 k5，m5。
　　③ 重负荷下轴承游隙应选大于 0 组。
　　④ 凡有较高精度或转速要求的场合，应选用 h7（IT5）代替 h8（IT6）等。
　　⑤ IT6，IT7 表示圆柱度公差值。

表 5.5 向心轴承和外壳的配合（孔公差带代号）

运转状态		负荷状态	其他状况	公差带①	
说明	举例			球轴承	滚子轴承
固定的外圈负荷	一般机械、铁路机车车辆轴箱、电动机、泵、曲轴主轴承	轻、正常、重	轴向易移动，可采用剖分式外壳	H7, G7②	
		冲击	轴向能移动，可采用整体式或剖分式外壳	J7, JS7	
摆动负荷		轻、正常			
		正常、重	轴向不移动，采用整体式外壳	K7	
		冲击		M7	
旋转的外圈负荷	张紧滑轮、轮毂轴承	轻		J7	K7
		正常		K7, M7	M7, N7
		重			N7, P7

注：① 并列公差带随尺寸的增大从左至右选择，对旋转精度有较高要求时，可相应提高一个公差等级。

② 不适用剖分式外壳。

表 5.6 推力轴承和轴的配合（轴公差带代号）

运转状态	负荷状态	球和滚子轴承	调心滚子轴承	公差带
		轴承公差内径/mm		
仅有轴向负荷		所有尺寸		j6, js6
固定的轴圈负荷	径向和轴向联合负荷		≤250	j6
			>250	js6
旋转的轴圈负荷或摆动负荷			≤200	k6①
			>200～400	m6
			>400	n6

注：① 要求较小过盈时，可分别用 j6, k6, m6 代替 k6, m6, n6。

② 也包括推力圆锥滚子轴承，推力角接触轴承。

表 5.7 推力轴承和外壳的配合（孔公差带代号）

运转状态	负荷状态	轴承类型	公差带	备注
仅有轴向负荷		球轴承	H8	
		圆柱、圆锥滚子轴承	H7	
		调心滚子轴承		外壳孔与座圈间间隙为 0.001D（D 为轴承公称外径）
固定的座圈负荷	径向和轴向联合负荷	角接触球轴承、调心滚子轴承、圆锥滚子轴承	H7	
旋转的座圈负荷或摆动负荷			K7	普通使用条件
			M7	有较大径向负荷时

滚动轴承国家标准规定了与轴承配合的轴颈和外壳孔的几何公差及表面粗糙度，如表 5.8、表 5.9 所示。

表 5.8　轴和外壳孔的几何公差

基本尺寸/mm		圆柱度 t				端面圆跳动 t_1			
		轴颈		外壳孔		轴肩		外壳孔肩	
		轴承公差等级							
		0	6（6X）	0	6（6X）	0	6（6X）	0	6（6X）
大于	至	公差值/μm							
18	30	4.0	2.5	6	4.0	10	6	15	10
30	50	4.0	2.5	7	4.0	12	8	20	12
50	80	5.0	3.0	8	5.0	15	10	25	15
80	120	6.0	4.0	10	6.0	15	10	25	15
120	180	8.0	5.0	12	8.0	20	12	30	20
180	250	10.0	7.0	14	10.0	20	12	30	20

表 5.9　配合面的表面粗糙度 Ra　　　　　　　　　　　μm

轴或轴承座直径/mm		轴或外壳配合表面直径公差等级								
		IT7			IT6			IT5		
		表面粗糙度								
大于	至	Rz	Ra		Rz	Ra		Rz	Ra	
			磨	车		磨	车		磨	车
	80	10	1.6	3.2	6.3	0.8	1.6	4	0.4	0.8
80	500	16	1.6	3.2	10	1.6	3.2	6.3	0.8	1.6
端面		2.5	3.2	6.3	25	3.2	6.3	10	1.6	3.2

8. 选用举例

【例 5.1】在 C616 型车床主轴后支承上，装有两个单列向心球轴承（见图 5.5），其外形尺寸为 $d×D×B=50\ mm×90\ mm×20\ mm$，试选定轴承的精度等级，轴承与轴、外壳孔的配合。

解：（1）确定轴承的精度等级。

① C616 型车床属于轻载的普通车床，主轴承受轻载荷。

② C616 型车床主轴的旋转精度和转速较高，选择 6（E）级精度的滚动轴承。

（2）确定轴承与轴、外壳孔的配合。

① 轴承内圈与主轴配合一起旋转，外圈装在壳体中不转。

② 主轴后支承主要承受齿轮传递力，故内圈承受旋转负荷，外圈承受定向负荷，前者配合应紧，后者配合略松。

③ 参考表 5.4、表 5.5 选出轴公差带为 j5，壳体孔公差带为 J6。

④ 机床主轴前轴承已轴向定位，若后轴承外圈与壳体孔配合无间隙，则不能补偿由于温度变化引起的主轴的伸缩性；若外圈与壳体孔配合有间隙，会引起主轴跳动，影响车床的加工精度。为了满足使用要求，将壳体孔公差带提高一档，改用 K6。

⑤ 按滚动轴承公差国家标准，由表 5.2 查出 6（E）级轴承单一平面平均内径偏差 $\Delta d_{mp上}=0\ mm$，$\Delta d_{mp下}=-0.01\ mm$；单一平面平均外径偏差 $\Delta D_{mp上}=0\ mm$，$\Delta D_{mp下}=-0.013\ mm$。

根据公差与配合国标 GB/T 1800.1—2009，查得：轴为 $\phi50\text{j}5(^{+0.006}_{-0.005})$ mm，壳体孔为 $\phi90\text{K}6(^{+0.004}_{-0.018})$ mm。

图 5.6 为 C616 型车床主轴后轴承的公差与配合图解，由此可知，轴承与轴的配合比外壳孔的配合要紧些。

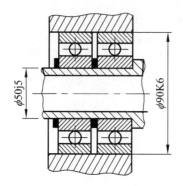 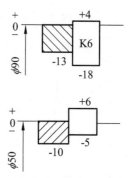

图 5.5　C616 车床主轴后轴承结构　　　　图 5.6　轴承与孔、轴配合的公差带

⑥ 查表 5.8 和表 5.9 得其几何公差和表面粗糙度，标注在图上，如图 5.7 所示。

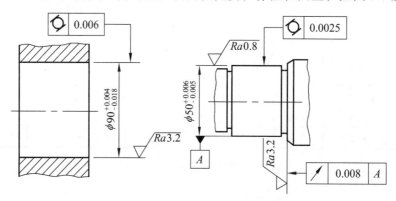

图 5.7　轴和外壳孔的公差带标注

第6章　圆锥结合的公差与配合

【学习目标】

（1）了解圆锥配合的特点、基本参数、形成方法和基本要求。

（2）熟悉圆锥公差项目和给定方法。

（3）了解圆锥的配合种类及形成。

（4）掌握圆锥公差的标注。

6.1 概　　述

6.1.1 圆锥配合的特点

与光滑圆柱体结合相比较，圆锥配合具有如下特点：

（1）在圆柱体结合中，当配合存在间隙时，孔与轴的中心线就存在同轴度的误差。而相配合的内、外两圆锥在轴向力的作用下，能自动对准中心，保证内、外圆锥体轴线具有较高的同轴度，且装拆方便。

（2）在圆柱体结合中，相配合的孔、轴的间隙和过盈是由基本偏差和标准公差确定的，其大小不能调整。而圆锥配合的间隙和过盈，可随内、外圆锥体的轴向相互位置不同而得到调整，而且能补偿零件的磨损，延长配合的使用寿命。

（3）在圆柱体结合时，要想在配合中得到过盈，或在装配中得到间隙是很困难的。而圆锥体的结合则只需轴向移动，便可得到较紧或较松的配合，且容易拆卸。这样的圆锥配合具有较好的自锁性和密封性。

圆锥配合虽然有以上优点，但它与圆柱体配合相比，影响互换性的参数比较复杂，加工和检验也较麻烦，故应用不如圆柱配合广泛。

6.1.2 圆锥配合的基本参数

1. 圆锥表面

与轴线成一定角度，且一端相交于轴线的一条线段（母线），围绕着该轴线旋转形成的表面，如图6.1所示。

2. 圆锥

由圆锥表面与一定尺寸所限定的几何体被称为圆锥。圆锥分为外圆锥和内圆锥。外圆锥是外部表面为圆锥表面的几何体，如图 6.2 所示；内圆锥是内部表面为圆锥表面的几何体，如图 6.3 所示。

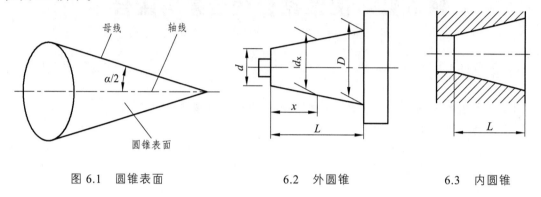

图 6.1　圆锥表面　　　　6.2　外圆锥　　　　6.3　内圆锥

3. 圆锥角 α

在通过圆锥轴线的截面内，两条素线之间的夹角被称为圆锥角，用符号 α 表示，如图 6.4 所示。圆锥角的一半称为斜角或圆锥素线角，用符号 $\alpha/2$ 表示，如图 6.1 所示。

4. 圆锥直径

圆锥直径是指与圆锥轴线垂直截面内的直径，如图 6.4 所示。常用的圆锥直径有：① 最大圆锥直径 D；② 最小圆锥直径 d；③ 给定截面上的圆锥直径 d_x。

5. 圆锥长度 L

最大圆锥直径截面与最小圆锥直径截面之间的轴向距离被称为圆锥长度，如图 6.4 所示。

6. 锥度 C

两个垂直圆锥轴线截面的圆锥直径 D 和 d 之差与圆锥长度 L 之比被称为锥度，即

$$C = \frac{D-d}{L} \tag{6.1}$$

锥度 C 与圆锥角 α 的关系为

$$C = 2\tan\frac{\alpha}{2} \tag{6.2}$$

锥度一般用比例或分式表示，例如：$C = 1：20$ 或 $1/20$。

7. 基面距

基面距是指内外圆锥结合后，外圆锥基准平面（轴肩或轴端面）与内圆锥基准平面（端面）间的距离，用符号 a 表示，如图 6.5 所示。基面距可决定内外圆锥的轴间相对位置。

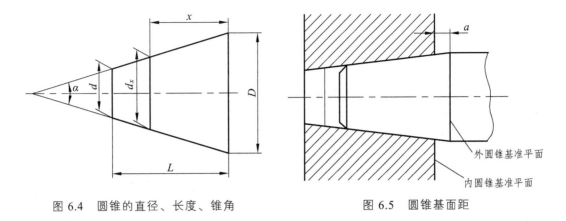

图 6.4　圆锥的直径、长度、锥角　　　　　图 6.5　圆锥基面距

6.2　圆锥公差与配合

6.2.1　圆锥公差项目

GB/T 157—2001《产品几何量技术规范（GPS）　圆锥的锥度与锥角系列》是等效采用国际标准 ISO1119：1998 制定的。圆锥公差适用于锥度 C 从 1：3 至 1：500，圆锥长度 L 从 6 至 630 mm 的光滑圆锥，也适用于棱体的角度与斜度。

圆锥公差的项目有圆锥直径公差、圆锥角公差、圆锥的形状公差和给定截面圆锥直径公差。

1.　圆锥直径公差 T_D

圆锥直径公差是指圆锥直径的允许变动量。其数值为允许的最大极限圆锥和最小极限圆锥直径之差，它适用于圆锥全长上。其公式如下

$$T_D = D_{max} - D_{min} = d_{max} - d_{min} \tag{6.3}$$

圆锥直径公差带是在圆锥的轴剖面内，两锥极限圆锥所限定的区域，如图 6.6 所示。最大极限圆锥和最小极限圆锥都称为极限圆锥，它与公称圆锥同轴，且圆锥角相等，且在垂直圆锥轴线的任一截面上，这两个圆锥的直径差都相等。

圆锥直径公差的数值可根据圆锥配合的使用要求和工艺条件，对圆锥直径公差 T_D 和给定截面直径公差 T_{DS}，分别以最大圆锥直径 D 和给定截面圆锥直径 d_x 为公称尺寸，直接从圆柱体公差表中选用。圆锥直径公差带用圆柱体公差与配合标准符号表示，其公差等级也与该标准相同。

对于配合要求的圆锥，推荐采用基孔制；对于没有配合要求的内、外圆锥，最好采用基本偏差为 js 和 JS。

2.　圆锥角公差 AT

圆锥角公差是指圆锥角的允许变动量。其数值为允许的最大与最小圆锥角之差，其公

式如下

$$AT_\alpha = \alpha_{max} - \alpha_{min} \tag{6.4}$$

圆锥角公差带是两个极限圆锥角所限定的区域，如图 6.7 所示。圆锥角公差 AT 共分 12 个公差等级，用 $AT1$，$AT2$，$\cdots$，$AT12$ 表示，其中 $AT1$ 精度最高，其余依次降低。表 6.1 列出了 $AT4 \sim AT9$ 圆锥角公差值。

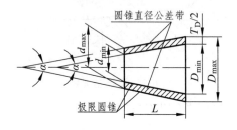

图 6.6　圆锥直径公差

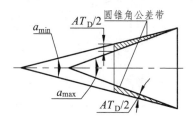

图 6.7　圆锥角公差

圆锥角公差有两种表示形式：

（1）AT_α 以角度单位（微弧度、度、分、秒）表示圆锥角公差值。

（2）AT_D 以线值单位（μm）表示圆锥角公差值。圆锥角公差是用与圆锥轴线垂直且距离为 L 的两端直径变动量之差来表示的。

表 6.1　圆锥角公差数值

公称圆锥长度		圆锥角公差等级								
		AT4			AT5			AT6		
L/mm		AT_α		AT_D	AT_α		AT_D	AT_α		AT_D
>	至	μrad	(′)(″)	μm	μrad	(′)(″)	μm	μrad	(′)(″)	μm
16	25	125	26″	>2.0～3.2	200	41″	>3.2～5.0	315	1′05″	>5.0～8.0
25	40	100	21″	>2.5～4.0	160	33″	>4.0～6.3	250	52″	>6.3～10.0
40	63	80	16″	>3.2～5.0	125	26″	>5.0～8.0	200	41″	>8.0～12.5
63	100	63	13″	>4.0～6.3	100	21″	>6.3～10.0	160	33″	>10.0～16.0
100	160	50	10″	>5.0～8.0	80	16″	>8.0～12.5	125	26″	>12.5～20.2

公称圆锥长度		圆锥角公差等级								
		AT7			AT8			AT9		
L/mm		AT_α		AT_D	AT_α		AT_D	AT_α		AT_D
>	至	μrad	(′)(″)	μm	μrad	(′)(″)	μm	μrad	(′)(″)	μm
16	25	500	1′43″	>8.0～12.5	800	2′45″	>12.5～20.0	1250	4′18″	>20～32
25	40	400	1′22″	>10.0～16.0	630	2′10″	>16.0～20.5	1000	3′26″	>25～40
40	63	315	1′05″	>12.5～20.0	500	1′43″	>20.0～32.0	800	2′45″	>32～50
63	100	250	52″	>16.0～25.0	400	1′22″	>25.0～40.0	630	2′10″	>40～63
100	160	200	41″	>20.0～32.0	315	1′05″	>32.0～50.0	500	1′43″	>50～80

注：① 1μrad 等于半径为 1 m，弧长为 1 μm 所产生的圆心角，5 μrad≈1″，300 μrad≈1′；

② 摘自 GB/T 11334—2005

AT_α 和 AT_D 的关系为

$$AT_D = AT_\alpha L \times 10^{-3} \tag{6.5}$$

式中，AT_α 的单位符号为 μrad；AT_D 的单位符号为 μm；L 的单位符号为 mm。

从表 6.1 中可以看出，在每个长度段中，AT_α 是一个定值，而 AT_D 值是由最大和最小圆锥长度分别计算得出的一个数值范围。对于不同的公称圆锥长度，其圆锥角公差值得计算应按式（6.5）计算。例如：选用 $AT9$，当 $L=100$ mm 时，查表 6.1 得 $AT_\alpha=630$ μrad 或 $2'10''$，则 $AT_D=630\times100\times10^{-3}=63$（μm）；若 $L=50$ mm 时，仍为 9 级，则 $AT_D=630\times50\times10^{-3}\approx32$ μm。

当对圆锥角公差无特殊要求时，可以用圆锥直径公差加以限制；当对圆锥角精度要求较高时，除应规定圆锥直径公差以外，还要单独规定圆锥角公差。

圆锥角的极限偏差可按单向取值，如图 6.8（a）、（b）所示；或者双向取值，如图 6.8（c）所示。

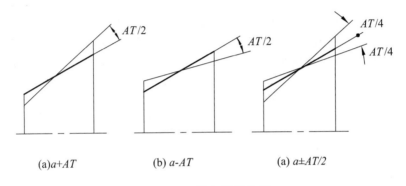

(a)$a+AT$　　　　　(b) $a-AT$　　　　　(a) $a\pm AT/2$

图 6.8　圆锥角极限偏差

3. 圆锥的形状公差 T_F

圆锥的形状公差包括两种：

（1）圆锥素线直线度公差。

圆锥素线直线度公差是指在圆锥轴线平面内，允许实际素线形状的最大变动量。圆锥素线直线度的公差带是指在给定截面上距离为公差值 T_F 的两条平行直线间的区域。

（2）截面圆锥圆度公差。

截面圆锥圆度公差是指在圆锥轴线法向截面上允许截面形状的最大变动量。截面圆度公差带是指以半径差为 T_F 的两同心圆间的区域。

4. 给定截面圆锥直径公差 T_{DS}

给定截面圆锥直径公差是指在垂直于圆锥轴线的给定截面内圆锥直径的允许变动量。

它仅适用于该给定截面的圆锥直径。其公差带是给定的截面内两同心圆所限定的区域，如图 6.9 所示。T_{DS} 公差带所限定的是平面区域，而 T_D 公差带所限定的是空间区域，两者是不同的。

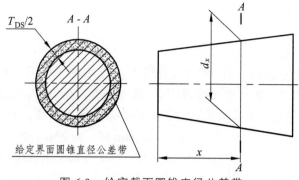

图 6.9　给定截面圆锥直径公差带

6.2.2　圆锥公差的给定方法

对于一个具体的圆锥工件，并不都需要给定上述 4 项公差，而是根据工件使用要求来提出公差项目。在 GB/T 11334—2005 中规定了两种圆锥公差的给定方法。

（1）给出圆锥的公称圆锥角 α（或锥度 C）和圆锥直径公差 T_D，由 T_D 确定两个极限圆锥。此时，圆锥角误差和圆锥的形状误差均应在极限圆锥所限定的区域内，如图 6.10 所示，标注示例如图 6.11 所示。

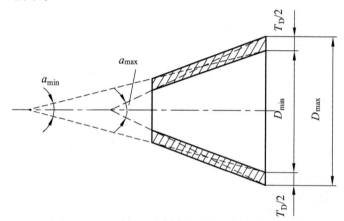

图 6.10　用圆锥直径公差 T_D 控制圆锥角误差

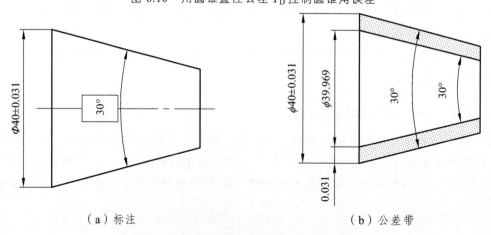

（a）标注　　　　　　　　　　　　　　（b）公差带

图 6.11　第一种圆锥公差给定方法标注示例

当对圆锥角公差、圆锥形状公差有更高要求时，可再给出圆锥角公差 AT 和圆锥形状公差 T_F。此时，AT，T_F 仅占 T_D 的一部分。

此种给定公差的方法通常运用于有配合要求的内、外圆锥。

（2）给出给定截面圆锥直径公差 T_{DS} 和圆锥角公差 AT。此时，T_{DS} 和 AT 是独立的，应分别满足。标注示例及其公差带如图 6.12 所示。

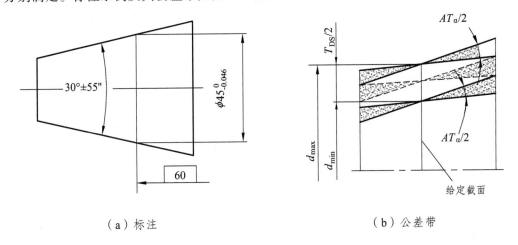

（a）标注　　　　　　　　　　　（b）公差带

图 6.12　第二种圆锥给定方法标注示例

当对形状公差有更高要求时，可再给出圆锥的形状公差。

此种给定公差得方法适用于对给定圆锥截面直径有较高要求的情况。如某些阀类零件中，两个相互结合的圆锥在规定截面上要求接触良好，以保证密封性。

6.2.3　圆锥公差的标注

按 GB/T 15754—1995《技术制图　圆锥的尺寸和公差标注》标准中的规定，其标注方法分别为以下几种。

1. 基本锥度法标注

（1）给定圆锥直径公差 T_D 的标注。

如图 6.13 所示，此时，圆锥的直径偏差、锥角偏差和圆锥的形状误差都由圆锥直径公差控制。若对圆锥角和其素线精度有更高要求时，应另给出它们的公差，但其数值应小于圆锥的直径公差值。

（2）给定截面圆锥直径公差 T_{DS} 的标注。

给定截面圆锥直径公差 T_{DS}，可以保证两个相互配合的圆锥在规定的截面上具有良好的密封性，如图 6.14 所示。

（3）给定圆锥形状公差 T_F 的标注。

如图 6.15 所示为给定圆锥形状公差 T_F 的标注示例，图中的直线度公差带在圆锥直径公差带内浮动。

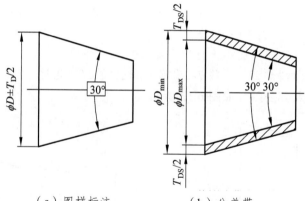

（a）图样标注　　　（b）公差带

图 6.13　给定圆锥直径公差 T_D 的标注

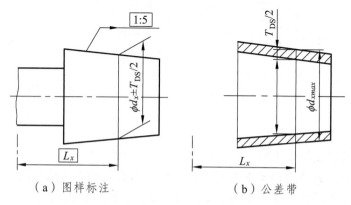

（a）图样标注　　　（b）公差带

图 6.14　给定截面圆锥直径公差 T_{DS} 的标注

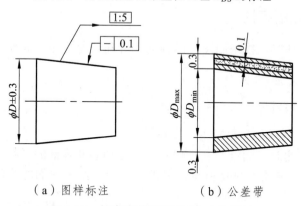

（a）图样标注　　　（b）公差带

图 6.15　给定圆锥形状公差 T_F 的标注

（4）相配合的圆锥公差的标注。

根据 GB/T 12360—2005 的要求，相配合的圆锥应保证各装配件的径向和轴向位置，标注两个相配圆锥的尺寸及公差时，应确定：具有相同的锥度或锥角；标注尺寸公差的圆锥直径的公称尺寸应一致。如图 6.16 所示。

2. 公差锥度法的标注

公差锥度法适用于非配合的圆锥，也适用于给定截面圆锥直径有较高精度要求的圆锥。

其标注方法如图 6.17 所示。

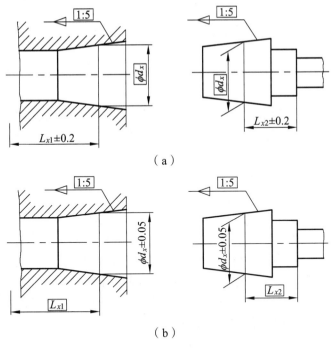

（a）

图 6.16 相配合的圆锥公差的标注

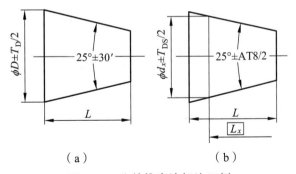

（a）　　　　　　　（b）

图 6.17 公差锥度法标注示例

6.2.4 圆锥配合

1. 圆锥配合的定义

圆锥配合是指基本圆锥相同的内、外圆锥直径之间，由于结合不同所形成的关系。

圆锥配合时，其配合间隙或过盈是在圆锥素线的垂直方向上起作用的。但在一般情况下，可以认为圆锥素线垂直方向的量与圆锥径向的量两者差别很小，可以忽略不计，因此这里所讲的配合间隙或过盈为垂直于圆锥轴线的间隙或过盈。

2. 圆锥配合的种类

（1）间隙配合。

这类配合具有间隙，而且在装配和使用过程中间隙大小可以调整。常用于有相对运动的机构中。如某些车床主轴的圆锥轴颈与圆锥滑动轴承衬套的配合。

（2）过盈配合。

这类配合具有过盈，它能借助于相互配合的圆锥面间的自锁，产生较大的摩擦力来传递转矩。例如，钻头（或铰刀）的圆锥柄与机床主轴圆锥孔的配合、圆锥形摩擦离合器中的配合等。

（3）过渡配合。

这类配合很紧密，间隙为零或略小于零。主要用于定心或密封场合，如锥形旋塞、发动机中的气阀与阀座的配合等。通常要将内、外锥成对研磨，故这类配合一般没有互换性。

3. 圆锥配合的形成

（1）结构型圆锥配合。

结构型圆锥配合是指由内、外圆锥本身的结构或基面距，来确定装配后的最终轴向相对位置而获得的配合。这种配合方式可以得到间隙配合、过渡配合和过盈配合。

图 6.18（a）所示为由内、外圆锥的结构来确定装配后的最终轴向相对位置，以获得指定的圆锥间隙配合的情形。即通过外圆锥的轴肩与内圆锥大端端面接触的方式来获得。

图 6.18（b）所示为由内、外圆锥基准平面之间的结构尺寸 a 来确定装配后的最终轴向相对位置，以获得指定的圆锥过盈配合的情形。

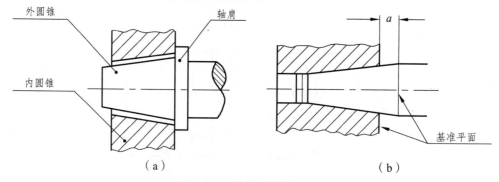

图 6.18　结构型圆锥配合

（2）位移型圆锥配合。

位移型圆锥配合是指由内、外圆锥的相对轴向位移或产生轴向位移的轴向力的大小，来确定最终轴向相对位置而获得的配合。这种方式是通过控制轴向位移 E_a 获得配合，可得到间隙配合和过盈配合。

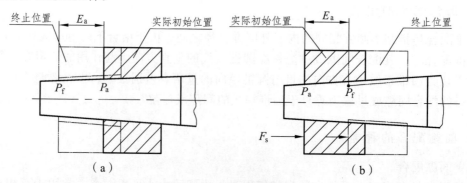

图 6.19　位移型圆锥配合

图 6.19（a）所示为内、外圆锥表面接触位置（不施加力）称实际初始位置，从这位置开始让内、外圆锥相对作一定轴向位移（E_a），则可获得间隙配合。

图 6.19（b）所示为从实际初始位置开始，施加一定的装配力 F_S 而产生轴向位移。所以这种方式只能产生过盈配合。

6.3　锥度与锥角系列

6.3.1　一般用途圆锥的锥度与锥角

GB/T 157—2001 对一般用途圆锥的锥度与锥角规定了 21 种基本值系列，部分如表 6.2 所示。在进行选用时，应优先选用表中第一系列，当不能满足需要时，可选第二系列。

表 6.2　一般用途圆锥的锥度与锥角系列

基本值		推算值		应 用 举 例
系列 1	系列 2	锥角 α	锥度 C	
120°		—	—	1：0.288 675	节气阀、汽车、拖拉机阀门
90°		—	—	1：0.500 000	重型顶尖，重型中心孔，阀的阀销锥体
	75°	—	—	1：0.651 613	埋头螺钉，小于 10 的螺锥
60°		—	—	1：0.866 025	顶尖，中心孔，弹簧夹头，埋头钻
45°		—	—	1：1.207 107	埋头螺钉，埋头铆钉
30°		—	—	1：1.866 025	摩擦轴节，弹簧卡头，平衡块
1：3		18°55′28.7″	18.924 644°	—	受力方向垂直于轴线易拆开的联结
	1：4	14°15′0.1″	14.250 033°	—	
1：5		11°25′16.3″	11.421 186°	—	受力方向垂直于轴线的联结，锥形摩擦离合器、磨床主轴
	1：6	9°31′38.2″	9.527 283°	—	
	1：7	8°10′16.4″	8.171 234°	—	
	1：8	7°9′9.6″	7.152 669°	—	重型机床主轴
1：10		5°43′29.3″	5.724 810°	—	受轴向力和扭转力的联结处，主轴承受轴向力
	1：12	4°46′18.8″	4.771 888°	—	
	1：15	3°49′15.9″	3.818 305°	—	承受轴向力的机件，如机车十字头轴
1：20		2°51′51.1″	2.864 192°	—	机床主轴，刀具刀杆尾部，锥形绞刀，心轴
1：30		1°54′34.9″	1.909 683°	—	锥形绞刀，套式绞刀，扩孔钻的刀杆，主轴颈部
1：50		1°8′45.2″	1.145 877°	—	锥销，手柄端部，锥形绞刀，量具尾部

注：摘自 GB/T 157—2001。

6.3.2 特殊用途圆锥的锥度与锥角

GB/T 157—2001 对特殊用途圆锥的锥度与锥角规定了 24 种基本值系列，表 6.3 只摘取了一部分，其圆锥的锥度与锥角只适用于表中所说明的特殊行业和用途。

表 6.3 特殊用途圆锥的锥度与锥角系列

基本值	推 算 值		锥度 C	说 明
	锥角 α			
7：24	16°35′39.4″	16.594 290°	1：3.428 571	机床主轴，工具配合
1：19.002	3°0′52.4″	3.014 554°	—	莫氏锥度 No.5
1：19.180	2°59′11.7″	2.986 590°	—	莫氏锥度 No.6
1：19.212	2°58′53.8″	2.981 618°	—	莫氏锥度 No.0
1：19.254	2°58′30.4″	2.975 117°	—	莫氏锥度 No.4
1：19.922	2°52′31.5″	2.875 401°	—	莫氏锥度 No.3
1：20.020	2°51′40.8″	2.861 332°	—	莫氏锥度 No.2
1：20.047	2°51′26.9″	2.857 480°	—	莫氏锥度 No.1

注：摘自 GB/T157—2001。

第7章　螺纹结合的公差与配合

【学习目标】

（1）掌握螺纹的分类及其应用。

（2）掌握普通螺纹的主要几何参数。

（3）掌握螺纹几何参数对互换性的影响。

（4）掌握普通螺纹的公差与配合。

7.1　概　述

7.1.1　螺纹的分类及其应用

（1）按螺纹的用途不同，可分为紧固螺纹、传动螺纹、紧密螺纹。

① 紧固螺纹。

又称为普通螺纹，分粗牙和细牙两种，主要用于紧固和连接零件，如螺钉、螺母等。此类螺纹的互换性要求是可旋合性和连接可靠性。要求其牙侧间的最小间隙等于或接近于零，相当于圆柱体配合中的几种小间隙配合。

② 传动螺纹。

包含矩形螺纹、梯形螺纹和锯齿形螺纹，主要用于传递动力、运动或实现精确位移，如机床的丝杠、测微螺纹、螺旋压力机等。它的互换性要求是传动比的准确性和稳定性、较小的空程误差、有一定的间隙并有良好的润滑，使传动灵活。

③ 紧密螺纹。

这类螺纹主要用于密封连接，如气、液管道连接、容器接口或封口螺纹等。其互换性要求是良好的旋合性及密封性，不漏水、不漏油、不漏气，当然也必须有足够的连接强度。螺纹结合还须有一定的过盈，相当于圆柱体结合的过盈配合。

（2）按螺纹形成面的不同，可分为内螺纹和外螺纹，常用于连接和传动。

（3）按螺纹线的旋向不同，可分为左旋螺纹和右旋螺纹。

7.1.2　螺纹的基本牙型和几何参数

1. 普通螺纹的基本牙型

普通螺纹的基本牙型是指在螺纹轴线剖面内高为 H 的等边三角形（原始三角形）上，

顶部截去 $H/8$、底部截去 $H/4$ 所形成的理论牙型。该牙型具有螺纹的基本尺寸，如图 7.1 所示。

2. 普通螺纹的主要几何参数

（1）基本大径（D，d）。

基本大径是指与内螺纹牙底或外螺纹牙顶相切的假想圆柱的直径，内、外螺纹基本大径分别用符号 D 和 d 表示。普通螺纹的公称直径是指螺纹的基本大径，如图 7.1 所示。

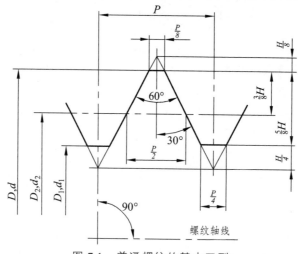

图 7.1　普通螺纹的基本牙型

（2）基本小径（D_1，d_1）。

基本小径是指与内螺纹牙顶或外螺纹牙底相切的假想圆柱的直径。内、外螺纹的基本小径分别用符号 D_1 和 d_1 表示，如图 7.1 所示。

内螺纹基本小径和外螺纹基本大径统称为顶径，内螺纹基本大径和外螺纹基本小径统称底径。

（3）基本中径（D_2，d_2）。

基本中径是指一个假想的圆柱的直径，该圆柱的母线通过牙型上沟槽和凸起宽度相等的地方，此假想圆柱的直径称为基本中径。内、外螺纹基本中径分别用符号 D_2 和 d_2 表示，如图 7.1 所示。

（4）单一中径。

单一中径是指一个假想圆柱的直径，该圆柱的母线通过牙型上沟槽宽度等于一半基本螺距的位置。当螺距无误差时，单一中径和实际中径相等。当螺距有误差时两者不相等，如图 7.2 所示。

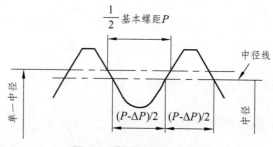

图 7.2　螺纹的单一中径

（5）螺距（P）。

螺距是指相邻两牙在中径线上对应两点间的轴向距离。其基本尺寸用 P 表示，如图 7.1 所示。

（6）导程（P_h）。

导程是指同一条螺旋线上的相邻两牙在中径线上对应两点间的轴向距离，用符号 P_h 表示。对于单线螺纹 $P=P_h$，对于 n 线螺纹 $P_h=nP$。

（7）牙型角（α）。

牙型角是指螺纹牙型上相邻牙侧间的夹角，用 α 表示。理论牙型角 α 的理论值为 60°，如图 7.1 所示。

（8）牙型半角（$\alpha/2$）。

牙型半角是指牙型角的一半，用 $\alpha/2$ 表示，普通螺纹牙型半角的理论值为 30°，如图 7.1 所示。

（9）螺纹升角（γ）。

螺纹升角是指在中径圆柱上螺旋线的切线与垂直于螺纹轴线的平面间的夹角，它与螺距和中径之间的关系是 $\tan\gamma = \dfrac{nP}{\pi d_2}$，其中 n 为螺纹线数。

（10）螺纹旋合长度。

螺纹旋合长度是指两个相互配合的螺纹沿螺纹轴线方向相互旋合部分的长度。

7.2　螺纹几何参数对互换性的影响

7.2.1　螺距误差的影响

螺距误差包括局部误差 ΔP（单个螺距误差）和累积误差 ΔP_Σ。

ΔP：指实际螺距 P_a 与基本螺距 P 的差值，$\Delta P=P_a-P$，与旋合长度无关。

ΔP_Σ：指在规定长度内，任意两同名牙侧与中径线交点间的实际轴向距离与其基本值的最大差值。与旋合长度 L 有关，且对螺纹的旋合性影响最大，因此必须加以限制。

假设内螺纹为理想牙型，外螺纹仅螺距有误差，若外螺纹的螺距比内螺纹的大（$\Delta P>0$），则内、外螺纹在螺牙的右侧干涉，如图 7.3 所示；反之，则在螺牙的左侧干涉。干涉量可用旋合长度上的 n 个螺牙的累积误差 ΔP_Σ 表示。

显然，具有理想牙型的内螺纹与具有螺距误差的外螺纹将发生干涉而无法旋合。实际生产中，为保证旋合性，把外螺纹的中径减去一数值 f_p，此 f_p 值称为中径补偿值。同理，若内螺纹具有螺距误差，为保证旋合性，应把内螺纹的中径加上一数值 f_p。

从图 7.3 中的 $\triangle abc$ 可看出，对于牙型角 $\alpha=60°$ 的米制普通螺纹，有

$$f_p = \Delta P_\Sigma \cot\frac{\alpha}{2} = 1.732\left|\Delta P_\Sigma\right| \tag{7.1}$$

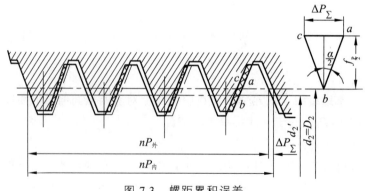

图 7.3　螺距累积误差

7.2.2　牙型半角误差的影响

牙型半角误差是指实际牙型半角与基本牙型半角之差。是螺纹牙侧相对于螺纹轴线的位置误差，其对螺纹的旋合性和连接强度均有影响。

图 7.4 所示为牙型半角误差对旋合性的影响，假设内螺纹具有理想牙型，外螺纹中径及螺距与内螺纹相同，仅牙型半角有误差。图 7.4（a）中，牙型半角误差 $\Delta\alpha/2=\alpha/2$（外）$-\alpha/2$（内）<0，则在其牙顶部分的牙侧发生干涉。图 7.4（b）中，牙型半角误差 $\Delta\alpha/2=\alpha/2$（外）$-\alpha/2$（内）>0，则在其牙根部分的牙侧有干涉现象。图 7.4（c）中，外螺纹的左、右牙型半角误差不相同，两侧干涉区的干涉量也不相同。

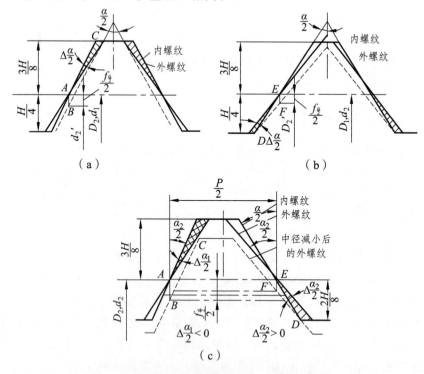

图 7.4　牙型半角误差的影响

上述情况下，外螺纹都无法旋入标准的内螺纹，为了保证旋合性，必须把外螺纹的中径减一个 $f_{\alpha/2}$，这个值叫作牙型半角误差的中径当量。同理，当外螺纹具有标准牙型，内螺

纹存在牙型半角误差时，就需要将内螺纹的中径加一个 $f_{a/2}$。对于普通螺纹，牙型半角误差的中径当量通式为

$$f_{a/2} = 0.073P\left(K_1\left|\Delta\frac{\alpha_1}{2}\right| + K_2\left|\Delta\frac{\alpha_2}{2}\right|\right) \qquad (7.2)$$

式中　　$f_{a/2}$——牙型半角偏差的中径当量，mm；

P——螺距，mm；

$\Delta\dfrac{\alpha_1}{2}$，$\Delta\dfrac{\alpha_2}{2}$——左、右牙型半角偏差，（'）；

K_1，K_2——系数，见表 7.1。

表 7.1　K_1，K_2 的数值

螺纹	半角偏差	
	$\Delta\dfrac{\alpha}{2}>0$	$\Delta\dfrac{\alpha}{2}<0$
外螺纹	2	3
内螺纹	3	2

7.2.3　中径偏差的影响

螺纹中径偏差是指中径实际尺寸与中径基本尺寸的代数差。当外螺纹中径比内螺纹中径大就会影响螺纹的旋合性；反之，则会使内外螺纹配合过松而影响连接的可靠性和紧密性，削弱连接强度。可见中径偏差的大小直接影响螺纹的互换性，因此对中径偏差必须加以限制。

7.2.4　螺纹中径合格性判断原则

1. 螺纹作用中径

螺纹作用中径是指螺纹配合时实际起作用的中径。当普通螺纹没有螺距误差和牙型半角误差时，内外螺纹旋合时起作用的中径就是螺纹的实际中径。当外螺纹有了螺距误差和牙型半角误差时，相当于外螺纹的中径增大了，这个增大了的假想中径叫做外螺纹的作用中径，它是与内螺纹旋合时实际起作用的中径，其值等于外螺纹的实际中径与螺距误差及牙型半角误差的中径当量之和，即

$$d_{2\text{作用}} = d_{2\text{实际}} + f_p + f_{a/2} \qquad (7.3)$$

而内螺纹的作用中径等于内螺纹的实际中径与螺距误差及牙型半角误差的中径当量之差，即

$$D_{2\text{作用}} = D_{2\text{实际}} - f_p - f_{a/2} \qquad (7.4)$$

2. 中径合格性判断原则

对于普通螺纹零件，为了加工和检测的方便，在标准中只规定了一个中径（综合）公差，用以控制中径、螺距以及牙型半角三项参数的误差，从而保证螺纹旋合性和连接强度。螺纹中径合格性判断原则为泰勒原则，即实际螺纹的作用中径不能超越最大实体牙型

的中径；实际螺纹上任意位置的单一中径不能超越最小实体牙型的中径。即

对于外螺纹：$d_{2\text{作用}} \leqslant d_{2\max}$（保证旋入），$d_{2\text{单一}} \geqslant d_{2\min}$（保证连接强度）；

对于内螺纹：$D_{2\text{作用}} \geqslant D_{2\min}$（保证旋入），$D_{2\text{单一}} \leqslant D_{2\max}$（保证连接强度）。

7.3 普通螺纹的公差与配合

7.3.1 普通螺纹的公差等级

在 GB/T 197—2003《普通螺纹 公差》标准中，按内外螺纹中径公差、内螺纹小径公差、外螺纹大径公差的大小，分为不同的公差等级，如表 7.2 所示。

表 7.2 普通螺纹公差等级

螺纹直径			公差等级
内螺纹	中径	D_2	4, 5, 6, 7, 8
	小径（顶径）	D_1	
外螺纹	中径	d_2	3, 4, 5, 6, 7, 8, 9
	大径（顶径）	d	4, 6, 8

等级中 3 级最高，依次降低，9 级最低，其中 6 级为基本级。普通螺纹基本尺寸见表 7.3。

表 7.3 普通螺纹基本尺寸　　　　　　　　　　　　　　　　mm

公称直径 D, d			螺距 P	中径 D_2, d_2	小径 D_1, d_1	公称直径 D, d			螺距 P	中径 D_2, d_2	小径 D_1, d_1
第一系列	第二系列	第三系列				第一系列	第二系列	第三系列			
10			**1.5**	9.026	8.376	20			**2.5**	18.376	17.294
			1.25	9.188	8.647				2	18.701	17.835
			1	9.350	8.917				1.5	19.026	18.376
			0.75	9.513	9.188				1	19.350	18.917
	12		**1.75**	10.863	10.106		24		**3**	22.051	20.752
			1.5	11.026	10.376				2	22.701	21.835
			1.25	11.188	10.647				1.5	23.026	22.376
			1	11.350	10.917				1	23.350	22.917
16			**2**	14.701	13.835	30			**3.5**	27.727	26.211
			1.5	15.026	14.376				（3）	28.051	26.752
			1	15.350	14.917				2	28.701	27.835
									1.5	29.026	28.376

注：① 直径优先选用第一系列，其次第二系列，第三系列尽可能不用。

② 括号内的螺距尽可能不用。

③ 黑体字表示的是粗牙螺纹。

④ 摘自 GB/T 196—2003。

7.3.2 普通螺纹的基本偏差

普通螺纹公差带的位置由基本偏差确定。螺纹的基本牙型是计算螺纹偏差的基准，内外螺纹的公差带相对于基本牙型的位置，与圆柱体的公差带位置一样，由基本偏差确定。外螺纹以上极限偏差为基本偏差，而内螺纹以下极限偏差为基本偏差。

普通螺纹标准对内螺纹只规定有 G，H 两种基本偏差。而对外螺纹规定有 e，f，g，h 4 种基本偏差，如图 7.5 所示。其中 H，h 的基本偏差为零，G 基本偏差为正值，e，f，g 的基本偏差为负值。内、外螺纹的中径、顶径和底径基本偏差数值见表 7.4 和表 7.5。

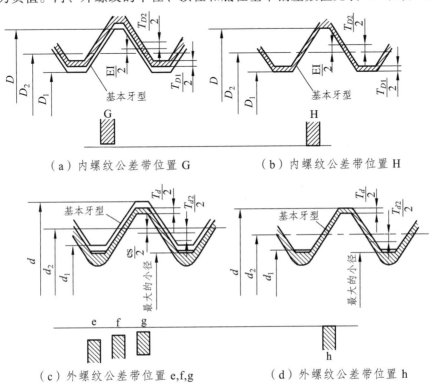

（a）内螺纹公差带位置 G   （b）内螺纹公差带位置 H

（c）外螺纹公差带位置 e,f,g   （d）外螺纹公差带位置 h

图 7.5 普通螺纹的基本偏差

表 7.4 普通螺纹基本偏差和顶径公差

螺距 P /mm	基本偏差						顶径公差							
	内螺纹 EI/μm		外螺纹 es/μm				内螺纹小径 T_{D1}/μm					外螺纹大径 T_d/μm		
	G	H	e	f	g	h	4	5	6	7	8	4	6	8
1	+26	0	−60	−40	−26	0	150	190	236	300	375	112	180	280
1.25	+28	0	−63	−42	−28	0	170	212	265	335	425	132	212	335
1.5	+32	0	−67	−45	−32	0	190	236	300	375	475	150	236	375
1.75	+34	0	−71	−48	−34	0	212	265	335	425	530	170	265	425
2	+38	0	−71	−52	−38	0	236	300	375	475	600	180	280	450
2.5	+42	0	−80	−58	−42	0	280	355	450	560	710	212	335	530
3	+48	0	−85	−63	−48	0	315	400	500	630	800	236	375	600

注：摘自 GB/T 197—2003。

表 7.5 普通螺纹中径公差和中等旋合长度

公称直径 D, d/mm		螺距 P/mm	内螺纹中径公差 $T_{D2}/\mu m$					外螺纹中径公差 $T_{d2}/\mu m$							N 组旋合长度/mm	
			公差等级					公差等级								
>	≤		4	5	6	7	8	3	4	5	6	7	8	9	>	≤
11.2	22.4	1	100	125	160	200	250	60	75	95	118	150	190	236	3.8	11
		1.25	112	140	180	224	280	67	85	106	132	170	212	265	4.5	13
		1.5	118	150	190	236	300	71	90	112	140	180	224	280	5.6	16
		1.75	125	160	200	250	315	75	95	118	150	190	236	300	6	18
		2	132	170	212	265	335	80	100	125	160	200	250	315	8	24
		2.5	140	180	224	280	355	85	106	132	170	212	265	335	10	30
22.4	45	1	106	132	170	212	—	63	80	100	125	160	200	250	4	12
		1.5	125	160	200	250	315	75	95	118	150	190	236	300	6.3	19
		2	140	180	224	280	355	85	106	132	170	212	265	335	8.5	25
		3	170	212	265	335	425	100	125	160	200	250	315	400	12	36

注：摘自 GB/T 197—2003。

7.3.3 普通螺纹公差带的选择

根据不同的公差带位置和不同的公差等级，可以组成不同的螺纹公差带。公差带代号由表示公差等级的数字和基本偏差的字母组成。不同的内外螺纹公差带又可组成各种不同的配合。而螺纹配合的选用主要根据使用要求来确定：

（1）为了保证螺纹联结强度和良好的旋合性，一般选用最小间隙为零的 H/h 配合。

（2）对单件、小批量生产的螺纹，可选用最小间隙为零的 H/h 配合。

（3）为了便于装拆、提高效率及改善螺纹的疲劳强度，可以选用 H/g 或 G/h 配合。

（4）对需要涂镀或在高温下工作的螺纹，通常选用 H/g、H/e 等较大间隙的配合。

生产中为了减少刀具、量具的规格和数量，公差带的种类应按标准推荐选用。GB/T 197—2003 规定了常用公差带，如表 7.6 所示。除特殊需要，不应该选择标准规定外的公差带。

表 7.6 普通螺纹的选用公差带

公差精度	内螺纹公差带			外螺纹公差带		
	S	N	L	S	N	L
精密	4H	5H	6H	（3h4h）	**4h** （4g）	（5h4h） （5g4g）
中等	**5H** （5G）	**6H** 6G	**7H** （7G）	（5g6g） （5h6h）	6e 6f **6g** 6h	（7e6e） （7g6g） （7h6h）
粗糙	—	7H （7G）	8H （8G）	—	（8e） 8g	（9e8e） （9g8g）

注：① 选用顺序为：黑字体公差带、一般字体公差带、括号内公差带。

② 带方框的黑字体公差带用于大量生产的精制紧固螺纹。

③ 推荐公差带也适用于薄涂镀层的螺纹，如电镀螺纹。

标准 GB/T 197—2003 中规定了不同公称直径和螺距所对应的旋合长度，即短旋合长度 S、中等旋合长度 N 和长旋合长度 L，其范围值见表 7.7。根据螺纹公差等级和旋合长度规定了 3 种类型的公差带，即精密级、中等级和粗糙级，见表 7.6。对于不同旋合组的螺纹，应采用不同的公差等级，以保证配合精度和加工难易程度相当。

（1）精密级——用于精密联结螺纹。

（2）中等级——用于一般机械、仪器的联结螺纹。

（3）粗糙级——用于要求不高及制造困难的螺纹。

表 7.7 螺纹旋合长度分组

公称直径		螺距 P/mm	旋合长度				公称直径		螺距 P/mm	旋合长度			
D, d/mm			S 短	N 中等		L 长	D, d/mm			S 短	N 中等		L 长
>	≤		≤	>	≤	>	>	≤		≤	>	≤	>
5.6	11.2	0.75	2.4	2.4	7.1	7.1	22.4	45.0	0.75	3.1	3.1	9.4	9.4
		1	3	3	9	9			1	4	4	12	12
		1.25	4	4	12	12			1.5	6.3	6.3	19	19
		1.5	5	5	15	15			2	8.5	8.5	25	25
11.2	22.4	1	3.8	3.8	11	11			3	12	12	36	36
		1.25	4.5	4.5	13	13			3.5	15	15	45	45
		1.5	5.6	5.6	16	16			4	18	18	53	53
		1.75	6	6	18	18			4.5	21	21	63	63

注：摘自 GB/T 197—2003。

7.3.4 普通螺纹配合的标注

完整的螺纹标记由螺纹特征代号、螺纹尺寸代号、螺纹公差带代号和螺纹旋合长度等信息组成，中间用"-"隔开。

1. 螺纹特征代号

如普通型螺纹用字母"M"表示。

2. 螺纹尺寸代号

单线螺纹为"公称直径×螺距"，粗牙螺纹可不标注螺距。多线螺纹为"公称直径×导程×螺距"。

3. 螺纹公差带代号

公差带代号包含中径公差带代号和顶径公差带代号。中径公差带代号在前，顶径公差带代号在后，如 M10×1-5H6H。若两者相同，则只标注一个公差带代号，如 M10-6g。

4. 旋合长度

长（L）和短（S）标注在公差代号后面，中等旋合长度可不标注。

5. 旋向代号

左旋为 LH，右旋可不标注。

外螺纹：M　20-5g　6g-S

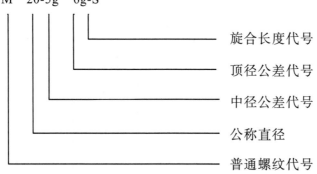

例如：

内螺纹：M　20×1.5-6H-LH

当内、外螺纹装配在一起时，其公差代号用斜线分开，内螺纹代号在左，外螺纹代号在右。例如 M20×2-5H/5g6g-S-LH，表示普通内、外螺纹配合，基本直径为 20 mm，螺距为 2 mm，细牙，内螺纹中径、顶径相同公差代号为 5H，外螺纹中径、顶径公差代号分别为 5 g、6 g，S 表示短旋合长度，LH 表示左旋。

第8章　键与花键的公差与配合

【学习目标】

（1）掌握平键连接的公差与配合。能够根据轴颈和使用要求，选用平键连接的规格参数和连接类型，确定键槽尺寸公差、形位公差和表面粗糙度，并能够在图样上正确标注。

（2）熟悉矩形花键连接采用小径定心的优点。

（3）掌握花键连接的公差与配合。能够根据标准规定选用花键连接的配合形式，确定配合精度和配合种类，熟悉花键副和内外花键在图样上的标注。

8.1　平键的公差与配合

8.1.1　概述

键通常分为单键和花键，日常中所说的键，都为单键。单键按其结构形式不同，分为平键、半圆键、切向键和楔键等 4 种，应用最广的为平键。其中平键又分为普通型平键和导向型平键两种。本节主要讨论平键连接。

普通平键连接是由键、轴、轮毂三个零件结合，通过键的侧面分别与轴槽、轮毂槽的侧面接触来传递运动和转矩，键的上表面和轮毂槽底面留有一定的间隙。因此，键和轴槽的侧面应有足够大的实际有效面积来承受负荷，并且键嵌入轴槽要牢固可靠，防止松动脱落。所以，键宽和键槽宽 b 是决定配合性质和配合精度的主要参数，为主要配合尺寸，应规定较严的公差；而键长 L、键高 h、轴槽深 t 和轮毂槽深 t_1 为非配合尺寸，其精度要求较低。平键连接方式及主要参数如图 8.1 所示。

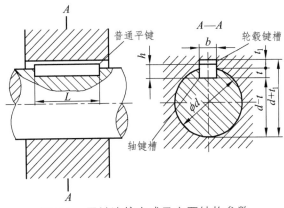

图 8.1　平键连接方式及主要结构参数

8.1.2 平键连接的公差与配合

平键是标准件，平键连接是键与轴及轮毂 3 个零件的配合，考虑工艺上的特点，为使不同的配合所用键的规格统一，国家标准规定键连接采用基轴制配合。

为保证键在轴槽上紧固，同时又便于拆装，轴槽和轮毂槽可以采用不同的公差带，使其配合的松紧不同，普通平键的联接类型分为松连接、正常连接和紧连接。同时国家标准 GB/T 1095—2003《平键 键槽的剖面尺寸》从 GB/T 1801—2009 中选取公差带，对键宽规定一种公差带，为 h8。而对轴键槽和轮毂键槽的宽度各规定了 3 种公差带，使平键与轴键槽和轮毂键槽各构成三组配合。

各种配合的配合性质及应用见表 8.1，平键的公差与配合图解如图 8.2 所示。

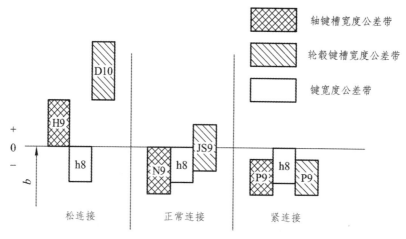

图 8.2 键宽和键槽宽 b 的公差带

表 8.1 平键连接的公差配合及应用

配合种类	尺寸 b 的公差带			配合性质及应用场合
	键	轴键槽	轮毂键槽	
松连接		H9	D10	键在轴上及轮毂上都能滑动。用于导向平键
正常连接	h8	N9	JS9	键在轴键槽中和轮毂键槽中均固定。用于载荷不大的场合，应用较广泛
紧密连接		P9	P9	键在轴键槽中和轮毂键槽中均牢固地固定。用于载荷较大、有冲击和双向扭矩的场合

平键连接中的非配合尺寸包括键长 L、键高 h、轴槽深 t 和轮毂槽深 t_1。矩形键高度 h 的公差带为 h11，方形键高度 h 的公差带为 h8。平键的长度 L 的公差带为 h14，轴槽长的公差带为 H14，其他尺寸的公差带见表 8.2。

8.1.3 平键连接的几何公差及表面粗糙度

为保证键与键槽的侧面具有足够的接触面积和避免装配困难，应分别规定轴槽对轴线和轮毂槽对孔的轴线的对称度公差。对称度公差等级按 GB/T 1184—1996《形状和位置公差未注公差值》来确定，一般取 7~9 级。公称尺寸为键宽 b。

表 8.2　普通平键键槽的尺寸与公差　　　　　　　　　　mm

轴 公称直径 d	键 键尺寸 b×h	键槽										
		宽度 b					深　度				半径 r	
		公称尺寸	极限偏差				轴 t		毂 t₁			
			松连接		正常连接		紧连接	公称尺寸	极限偏差	公称尺寸	极限偏差	最小	最大
			轴 H9	毂 D10	轴 N9	毂 JS9	轴和毂 P9						
自 6~8	2×2	2	+0.025 0	+0.060 +0.020	-0.004 -0.029	±0.0125	-0.006 -0.031	1.2	+0.1 0	1.0	+0.1 0	0.08	0.16
>8~10	3×3	3						1.8		1.4			
>10~12	4×4	4	+0.030 0	+0.078 +0.030	0 -0.030	±0.015	-0.012 -0.042	2.5		1.8		0.16	0.25
>12~17	5×5	5						3.0		2.3			
>17~22	6×6	6						3.5		2.8			
>22~30	8×7	8	+0.036 0	+0.098 +0.040	0 -0.036	±0.018	-0.015 -0.051	4.0		3.3		0.25	0.40
>30~38	10×8	10						5.0		3.3			
>38~44	12×8	12	+0.043 0	+0.120 +0.050	0 -0.043	±0.0215	-0.018 -0.061	5.0	+0.2 0	3.3	+0.2 0		
>44~50	14×9	14						5.5		3.8			
>50~58	16×10	16						6.0		4.3			
>58~65	18×11	18						7.0		4.4		0.40	0.60
>65~75	20×12	20	+0.052 0	+0.149 +0.065	0 -0.052	±0.026	-0.022 -0.074	7.5		4.9			
>75~85	22×14	22						9.0		5.4			

注：摘自 GB/T 1095—2003。

当平键的键长 L 与键宽 b 之比大于或等于 8 时，应规定键的两工作侧面在长度方向上的平行度要求，这时平行度公差也按 GB/T 1184—1996 的规定选取：当 b≤6 mm 时，公差等级取 7 级；当 b≥8~36 mm 时，公差等级取 6 级；当 b≥40 mm 时，公差等级取 5 级。

轴槽与轮毂槽的两个工作侧面为配合表面，表面粗糙度 Ra 值取 1.6~3.2 μm。槽底面为非配合表面，表面粗糙度 Ra 值取 6.3 μm。图样标注如图 8.3 所示。

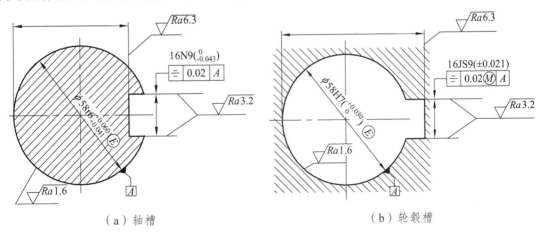

（a）轴槽　　　　　　　　　　　（b）轮毂槽

图 8.3　键槽尺寸和公差的图样标注

8.2 矩形花键的公差与配合

当传递较大的转矩，定心精度又要求较高时，单键连接满足不了要求，需采用花键连接。花键连接是花键轴、花键孔两个零件的结合。花键可用作固定连接，也可用作滑动连接。

花键连接与平键连接相比具有明显的优势：孔、轴的轴线对准精度（定心精度）高，导向性好，轴和轮毂上承受的负荷分布比较均匀，因而可以传递较大的转矩，而且强度高，连接更可靠。

花键的类型有矩形花键、渐开线花键和三角形花键，本节只讨论应用最广的矩形花键。

8.2.1 概述

为了便于加工和检测，键数 N 规定为偶数（有 6，8，10），键齿均布于全圆周。按承载能力，矩形花键分为中、轻两个系列。中系列的承载能力强，多用于汽车、拖拉机等制造业；轻系列的承载能力相对低，多用于机床制造业。矩形花键的尺寸系列见表 8.3。

表 8.3　矩形花键基本尺寸系列　　　　　　　　　　　　　mm

小径 d	轻系列				中系列			
	规　格 $N×d×D×B$	键数 N	大径 D	键宽 B	规　格 $N×d×D×B$	键数 N	大径 D	键宽 B
23	6×23×26×6	6	26	6	6×23×28×6	6	28	6
26	6×26×30×6	6	30	6	6×26×32×6	6	32	6
28	6×28×32×7	6	32	7	6×28×34×7	6	34	7
32	8×32×36×6	8	36	6	8×32×38×6	8	38	6
36	8×36×40×7	8	40	7	8×36×42×7	8	42	7
42	8×42×46×8	8	46	8	8×42×48×8	8	48	8
46	8×46×50×9	8	50	9	8×46×54×9	8	54	9
52	6×52×58×10	8	58	10	8×52×60×10	8	60	10
56	8×56×62×10	8	62	10	8×56×65×10	8	65	10
62	8×62×68×12	8	68	12	8×62×72×12	8	72	12
72	10×72×78×12	10	78	12	10×72×82×12	10	82	12

注：摘自 GB/T 1144—2001。

矩形花键主要尺寸有小径 d、大径 D、键（槽）宽 B，如图 8.4 所示。

矩形花键连接的结合面有 3 个，即大径结合面、小径结合面和键侧结合面。要保证 3 个结合面同时达到高精度的定心作用很困难，也没有必要。实用中，只需以其中之一为主要结合面，确定内、外花键的配合性质。确定配合性质的结合面称为定心表面。

每个结合面都可作为定心表面，所以花键联结有 3 种定心方式：小径 d 定心、大径 D 定心和键（槽）宽 B 定心，如图 8.4 所示。

GB/T 1144—2001 规定矩形花键以小径结合面作为定心表面，即采用小径定心。定心直径 d 的公差等级较高，非定心直径 D 的公差等级较低，并且非定心直径 D 表面之间有相当大的间隙，以保证它们不接触。键齿侧面是传递转矩及导向的主要表面，故键（槽）宽 B 应具有足够的精度，一般要求比非定心直径 D 要严格。

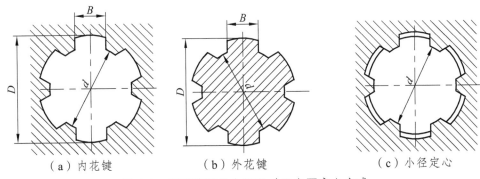

（a）内花键　　　　　（b）外花键　　　　　（c）小径定心

图 8.4　矩形花键的主要尺寸及主要定心方式

8.2.2　矩形花键的公差与配合

为了减少制造内花键用的拉刀和量具的品种规格，有利于拉刀和量具的专业化生产，矩形花键配合应采用基孔制，即内花键 d，D 和 B 的基本偏差不变，依靠改变外花键 d，D 和 B 的基本偏差，获得不同松紧的配合。

矩形花键配合精度的选择，主要考虑定心精度要求和传递转矩的大小。精密传动用花键连接定心精度高，传递转矩大而且平稳，多用于精密机床主轴变速箱与齿轮孔的连接。一般用花键连接则常用于定心精度要求不高的卧式车床变速箱及各种减速器中轴与齿轮的连接。

矩形花键配合种类的选择，首先应根据内、外花键之间是否有轴向移动，确定是固定连接还是非固定连接。对于内、外花键之间要求有相对移动，而且移动距离长、移动频率高的情况，应选择配合间隙较大的滑动连接，使配合面间有足够的润滑油层，以保证运动灵活。例如，汽车、拖拉机等变速箱中的齿轮与轴的连接。对于内、外花键之间有相对移动、定心精度要求高、传递转矩大，或经常有反向转动的情况，则应选择配合间隙较小的紧滑动连接。对于内、外花键之间相对固定，无轴向滑动要求时，则选择固定连接。

表 8.4 列出了矩形花键小径 d、大径 D 和键宽 B 的配合。尽管 3 类配合都是间隙配合，但由于几何误差的影响，其结合面配合普遍比预定的要紧些。

表 8.4　矩形花键的尺寸公差带

用　途	内　花　键				外　花　键			装配型式
	小径 d	大径 D	键宽 B		小径 d	大径 D	键宽 B	
			拉削后不热处理	拉削后热处理				
一般用	H7		H9	H11	f7		d10	滑动
					g7		f9	紧滑动
					h7		h10	固定
精密传动用	H5	H10	H7，H9		f5	a11	d8	滑动
					g5		f7	紧滑动
					h5		h8	固定
	H6				f6		d8	滑动
					g6		f7	紧滑动
					h6		h8	固定

注：① 精密传动用的内花键，当需要控制键侧配合间隙时，槽宽可选 H7，一般情况下可选 H9。

② d 为 H6，H7 的内花键，允许与高一级的外花键配合。

由表 8.4 可以看出，内外花键小径 d 的公差等级相同，且比相应的大径 D 和键宽 B 的公差等级都高，且大径只有一种配合为 H10/all。

8.2.3 矩形花键的几何公差及表面粗糙度

为保证定心表面的配合性质，应对矩形花键规定如下要求：

（1）内、外花键定心直径 d 的尺寸公差与几何公差的关系，必须采用包容要求。

（2）内（外）花键应规定键槽（键）侧面对定心轴线的位置度公差，并采用最大实体要求，标注如图 8.5 所示，位置度公差值如表 8.5 所示。

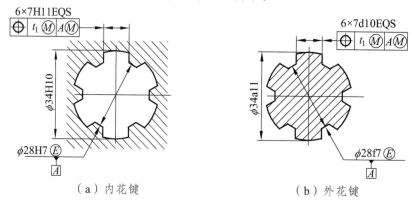

（a）内花键　　　　　　　　　　（b）外花键

图 8.5　花键位置度公差标注

表 8.5　矩形花键的位置度公差　　　　　　　　　　　mm

键槽宽或键宽 B		3	3.5 ~ 6	7 ~ 10	12 ~ 18
键槽宽的 t_1		0.010	0.015	0.020	0.025
键宽的 t_1	滑动、固定	0.010	0.015	0.020	0.025
	紧滑动	0.006	0.010	0.013	0.016

注：摘自 GB/T 1144—2001。

（3）单件小批生产，采用单项测量时，应规定键槽（键）的中心平面对定心轴线的对称度和等分度，并采用独立原则。标注如图 8.6 所示，对称度公差值如表 8.6 所示。

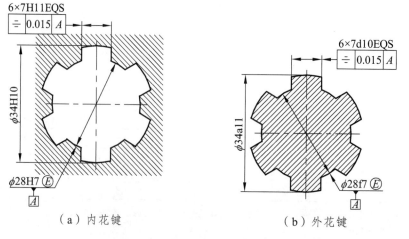

（a）内花键　　　　　　　　　　（b）外花键

图 8.6　花键对称度公差标注

表 8.6　矩形花键对称度公差　　　　　　　　　　　　　mm

键槽宽或键宽 B	3	3.5～6	7～10	12～18
一般用（公差值）	0.010	0.012	0.015	0.018
精密传动用（公差值）	0.006	0.008	0.009	0.011

注：① 矩形花键的等分度公差与键宽的对称公差相同。

　　② 摘自 GB/T 1144—2001。

（4）对较长的花键，可根据性能自行规定键侧对轴线的平行度公差。

（5）矩形花键的表面粗糙度 Ra 推荐值：

对于内花键，小径表面≤1.6 μm，大径表面≤6.3 μm，键槽侧面≤3.2 μm。

对于外花键，小径表面≤0.8 μm，大径表面≤3.2 μm，键槽侧面≤1.6 μm。

表面粗糙度标注示例如图 8.7 所示。

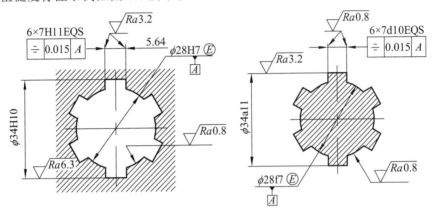

图 8.7　表面粗糙度标注示例

8.2.4　矩形花键的图样标注

矩形花键规格按 $N×d×D×B$ 的方法表示，如 8×52×58×10 依次表示键数为 8，小径为 52 mm，大径为 58 mm，键（键槽）宽 10 mm。

矩形花键的标记按花键规格所规定的顺序书写，另需加上配合或公差带代号，其在图样上标注如图 8.8 所示。图 8.8（a）为一花键副，表示花键数为 6，小径配合为 23H7/f7，大径配合为 28H10/a11，键宽配合为 6H11/d10；在零件图上，花键公差带可仍按花键规格顺序注出，如图 8.8（b）、（c）所示。

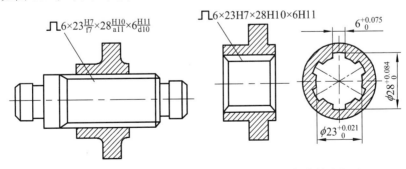

（a）在装配图样上的标注　　　　　　　（b）内花键的标注

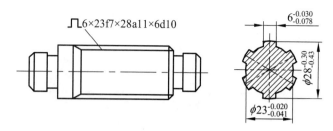

（c）外花键的标注

图 8.8　矩形花键配合及公差的图样标注

第9章 圆柱齿轮的精度与检测

【学习目标】

（1）了解齿轮传动的基本要求。

（2）掌握齿轮精度的评定参数及检测方法。

（3）掌握渐开线圆柱齿轮精度的选择及确定方法。

9.1 概　述

齿轮传动是一种重要的机械传动形式，通常应用在机器和仪器仪表中用以传递运动或动力。与齿轮传动相关的机械产品，其工作性能、承载能力、使用寿命和工作精度等都与齿轮传动的传动质量密切相关。而齿轮的传动质量主要取决于齿轮本身的制造精度及齿轮副的安装精度。因此需对齿轮规定相应的公差，进行合理的检测，以保证齿轮的传动质量。因渐开线圆柱齿轮应用最广，本章就主要介绍渐开线圆柱齿轮的精度与检测。

因齿轮运用广泛，且类型也颇多，现根据其共有的特性，一般归纳为如下几方面要求：

1. 传递运动的准确性

要求齿轮在一转范围内，最大的转角误差限制在使用情况所允许的范围，以保证主、从动齿轮相对运动的准确协调。

2. 传递运动的平稳性

要求齿轮在转过一齿或一齿距角的最大转角误差应不超过一定的限度，使齿轮副瞬时传动比变化尽量小，以保证传动的平稳性。

3. 载荷分布的均匀性

要求齿轮啮合时齿面接触良好，使齿面上的载荷分布均匀，避免出现局部齿面应力集中，使齿面磨损加剧，影响齿轮的使用寿命。

4. 齿侧间隙的合理性

齿轮副在实际工作中，工作齿面必须保持接触才能实现传递动力和运动，而非工作齿面间应留有一定的侧隙，以提供正常润滑的储油间隙，这样的间隙称为齿侧间隙。齿侧间隙的保留是为了补偿传动时的热变形、弹性变形、热膨胀以及装配误差和制造误差，否则齿轮在传动过程中可能出现卡死或烧伤的现象。但是，侧隙也不宜过大，对于经常需要正反转的传动齿轮副，侧隙过大会引起换向冲击，产生空程。所以，应合理确定侧隙的数值。而侧隙的大小主要是由控制齿厚减薄量的方法来保证的。

9.2　齿轮精度的评定参数

9.2.1　影响传动准确性的参数

1. 切向综合总偏差 F_i'

F_i' 是指被测齿轮在单面啮合综合检查仪上与测量齿轮单面啮合检验时，被测齿轮一转内，齿轮分度圆上实际圆周位移与理论圆周位移的最大差值，如图 9.1 所示。

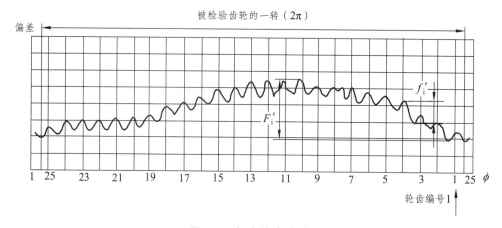

图 9.1　切向综合偏差

F_i' 是几何偏心、运动偏心以及基节偏差、齿廓形状偏差等影响的综合结果。它反映了齿轮一转的转角误差，说明齿轮运动的不均匀性，在一转过程中，其转速时高时低，做周期性变化。

2. 齿距累积总偏差 F_p

齿距累积总偏差 F_p 是指齿轮同侧齿面任意弧段（$k=1$ 至 $k=z$）内的最大齿距累积偏差。它表现为齿距累积偏差曲线的总幅值，如图 9.2 所示。

齿轮在加工过程中，不可避免地会出现几何偏心和运动偏心，从而使齿距不均匀，产生齿轮累积偏差。齿距累积总偏差能反映齿轮一转中偏心误差引起的转角误差，因此 F_p 可代替作为评定齿轮运动准确性的指标。由于 F_p 的测量可用较普及的齿距仪、万能测齿仪等仪器，是目前工厂中常用的一种齿轮运动精度的评定指标。

在测量的过程中，必要时还要控制 k 个齿距的累积偏差 F_{pk}，它等于 k 个齿距的各个齿距偏差的代数和，通常取 $k=z/8$。

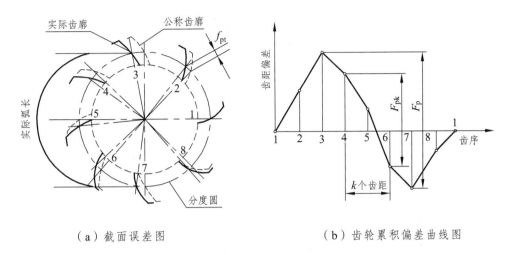

（a）截面误差图　　　　　　（b）齿轮累积偏差曲线图

图 9.2　齿距偏差与齿距累积偏差

测量齿距累积误差通常用相对法，可用万能测齿仪或齿距仪进行测量。图 9.3 为万能测齿仪测齿距简图。

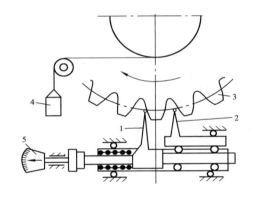

图 9.3　万能测齿仪测齿距简图

1—活动测头；2—固定测头；3—轮齿；4—重锤；5—指示表

首先以被测齿轮上任一实际齿距作为基准，将仪器指示表调零，然后沿整个齿圈依次测出其他实际齿距与作为基准的齿距的差值（称为相对齿距偏差），经过数据处理求出 F_p，同时也可求得单个齿距偏差 f_{pt}。

3. 径向跳动 F_r

径向跳动 F_r 是指齿轮在一转范围内，测头（球形、圆柱形、锥形）相继置于每个齿槽内时，从它到齿轮轴线的最大和最小径向距离之差。在测量方法是以齿轮孔为基准，依次在指示表上读出侧头径向位置的最大变化量，如图 9.4 所示。

F_r 主要是由几何偏心引起的，未能反映切向误差，它必须与能反映切向误差的单项指标组合，才能全面评定传递运动准确性。

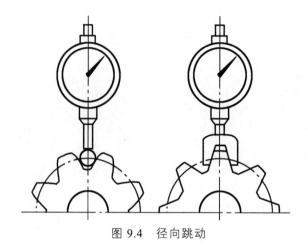

图 9.4 径向跳动

4. 径向综合总偏差 F_i''

F_i'' 是指在双面啮合综合检查仪上进行径向综合检验时，被测齿轮的左右齿面靠弹力作用同时与测量齿轮接触，并转过一圈时出现的中心距最大值和最小值的差值。如图 9.5 所示，（a）为双面啮合综合检查仪，（b）为测量后的数据曲线。

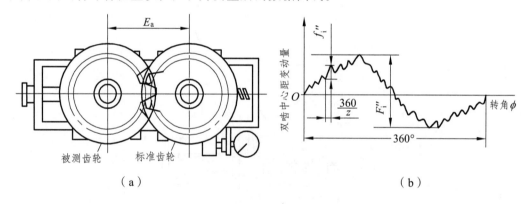

（a） （b）

图 9.5 用双啮仪测径向综合误差

F_i'' 主要反映径向误差对齿轮传动的影响，同时也反映基节偏差、齿廓偏差和齿距偏差对双啮中心距的影响，但它不等同于径向跳动。F_i'' 只能反映齿轮的径向误差，而不能反映切向误差，所以它并不能确切和充分地用来评定齿轮传递运动的准确性，故不能单独使用。

5. 公法线长度变动公差 F_w

如图 9.6（a）所示，F_w 是指在齿轮一周范围内，实际公法线长度最大值与最小值之差，即

$$F_w = W_{max} - W_{min}$$

在齿轮新标准中没有 F_w 此项参数，但从我国的齿轮实际生产情况看，经常用 F_r 和 F_w 组合代替 F_p 或 F_i'，这样检验成本不高且行之有效，故在此保留以供参考。它反映齿轮加工时

的切向误差，因此，可作为影响传递运动准确性指标中属于切向性质的单项性指标。

公法线长度变动量 F_w 可用公法线千分尺测量，如图 9.6（b）所示，或用公法线指示卡规进行测量。

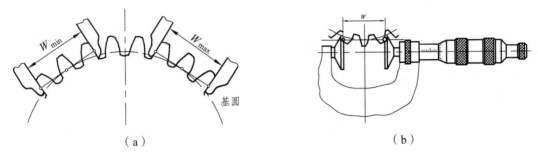

（a）　　　　　　　　　　　　　　　（b）

图 9.6　公法线长度变动量及测量

9.2.2　影响传动平稳性的参数

1. 一齿切向综合偏差 f_i'

f_i' 是指被测齿轮与测量齿轮单面啮合一整转时，在被测齿轮的一齿距内，过偏差曲线的最高、最低点，作与横坐标平行的两条直线，此平行线间的距离即为 f_i'，如图 9.1 所示。

f_i' 反映齿轮一齿角内的转角误差，在齿轮一转中多次重复出现，是评定齿轮传动平稳性精度的一项指标。

显然，一齿切向综合偏差越大，频率越高，则传动越不平稳。因此，必须根据齿轮传动的使用要求，用一齿切向综合公差 f_i' 加以限制。f_i' 与切向综合总偏差一样，可以用单啮仪进行测量。

2. 一齿径向综合偏差 f_i''

f_i'' 是指当被测齿轮与测量齿轮啮合一整圈时，对应一个齿距角（360°/z）内的径向综合偏差值。

f_i'' 也反映齿轮的短周期误差，但与 f_i' 是有差别的。f_i'' 只反映刀具制造和安装误差引起的径向误差，而不能反映机床传动链短周期误差引起的周期切向误差。因此，用 f_i'' 评定齿轮传动的平稳性不如用 f_i' 评定完善。但由于检测仪器结构简单、操作方便，在成批生产中仍广泛采用，所以一般用 f_i'' 作为评定齿轮传动平稳性的代用综合指标。

为了保证传动平稳性的要求，防止测不出切向误差部分的影响，应将标准规定的一齿径向综合公差乘以 0.8 加以缩小。故其合格条件为一齿径向综合偏差 $f_i'' \leqslant$ 一齿径向综合公差 f_i'' 的 4/5。f_i'' 可采用双面啮合综合检查仪上测量。

3. 齿廓总偏差 F_a

如图 9.7（a）所示，在计值范围 L_a 内，包容实际齿廓迹线的两条设计齿廓迹线间的距离，过齿廓迹线最高、最低点做设计齿廓迹线的两条平行直线间距离为 F_a。其主要影响齿轮平稳性精度。

4. 齿廓形状偏差 $f_{f\alpha}$

在计值范围内，包容实际齿廓迹线的两条与平均齿廓迹线完全相同的曲线间的距离，且两条曲线与平均齿廓迹线的距离为常数。如图 9.7（b）所示，取值时，首先用最小二乘法画出一条平均齿廓迹线，然后过曲线的最高、最低点作其平行线，则两平行线间沿 y 轴方向距离即为 $f_{f\alpha}$。

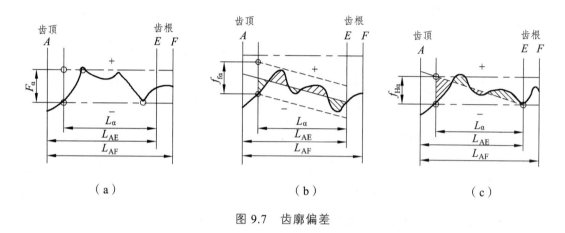

图 9.7 齿廓偏差

5. 齿廓倾斜偏差 $\pm f_{H\alpha}$

齿廓倾斜偏差 $\pm f_{H\alpha}$ 在计值范围内的两端与平均齿廓迹线相交的两条设计齿廓迹线间的距离。如图 9.7（c）所示。

9.2.3 影响载荷分布均匀性的参数

1. 螺旋线总偏差 F_β

F_β 是指在计值范围内，包容实际螺旋线迹线的两条设计螺旋线迹线间的距离。如图 9.8（a）所示。该项参数主要影响齿面接触精度。

有时为了某种目的，还可以对 F_β 进一步细分为 $f_{f\beta}$ 和 $f_{H\beta}$ 二项偏差，它们不是必检项目。

2. 螺旋线形状偏差 $f_{f\beta}$

对于非修形的螺旋线来说，$f_{f\beta}$ 是在计值范围内，包容实际螺旋线迹线的两条与平均螺旋线迹线平行的两条直线间距离，如图 9.8（b）所示。

3. 螺旋线倾斜偏差 $f_{H\beta}$

在计值范围的两端与平均螺旋线迹线相交的设计螺旋线迹线间的距离，如图 9.8（c）所示。

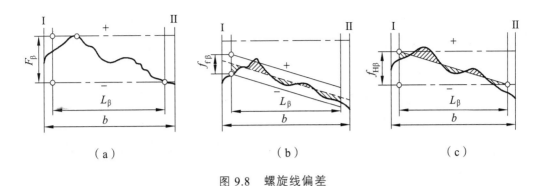

图 9.8 螺旋线偏差

9.3 齿轮配合精度的评定参数

9.3.1 齿轮副精度的评定指标

1. 中心距允许偏差 $\pm f_a$

如图 9.9 所示，$\pm f_a$ 是指在箱体两侧轴承跨距为 L 的范围内，实际中心距与公称中心距之差。$\pm f_a$ 主要影响齿轮副侧隙。表 9.1 为中心距极限偏差计算方式，供参考。

表 9.1 中心距极限偏差 $\pm f_a$ mm

齿轮精度等级	5 ~ 6	7 ~ 8	9 ~ 10
中心距极限偏差 $\pm f_a$	0.5IT7	0.5IT8	0.5IT9

2. 轴线平行度公差 $f_{\Sigma\delta}$，$f_{\Sigma\beta}$

如图 9.9 所示，如果一对啮合的圆柱齿轮的两条轴线不平行，形成了交叉直线，则将影响齿轮的接触精度，因此必须加以控制。

轴线平面内的平行度偏差 $f_{\Sigma\delta}$ 是在两轴线的公共平面上测量的；垂直平面上的平行度偏差 $f_{\Sigma\beta}$ 是在与轴线公共平面相垂直平面上测量的。$f_{\Sigma\delta}$ 和 $f_{\Sigma\beta}$ 的最大推荐值为

$$f_{\Sigma\beta} = 0.5\left(\frac{L}{b}\right)F_\beta \tag{9.1}$$

$$f_{\Sigma\delta} = 2f_{\Sigma\beta} \tag{9.2}$$

式中 L——轴承跨距；

      b——齿宽。

3. 接触斑点

齿轮副的接触斑点是指安装好的齿轮副，在轻微制动下，运转后齿面上分布的接触擦亮痕迹，如图 9.10 所示为接触斑点分布示意图。图中 b_{c1} 为接触斑点的较大长度，b_{c2} 为接触斑点的较小长度，h_{c1} 为接触斑点的较大高度，h_{c2} 为接触斑点的较小高度。沿齿长方向的

接触斑点主要影响齿轮副的承载能力，沿齿高方向的接触斑点主要影响工作平稳性。接触斑点综合反映了加工误差和安装误差。表 9.2 给出了装配后齿轮副接触斑点的最低要求。

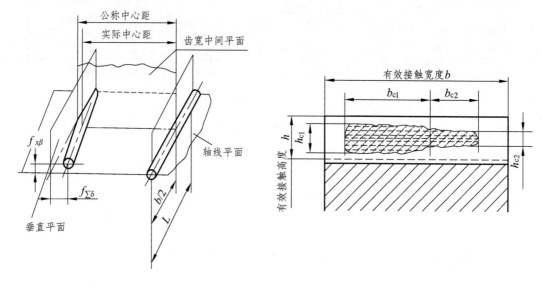

图 9.9　轴线平行度偏差　　　　图 9.10　接触斑点分布的示意图

表 9.2　齿轮装配后接触斑点

精度等级	$b_{c1}/b \times 100\%$		$h_{c1}/h \times 100\%$		$b_{c2}/b \times 100\%$		$h_{c2}/h \times 100\%$	
	直齿轮	斜齿轮	直齿轮	斜齿轮	直齿轮	斜齿轮	直齿轮	斜齿轮
≤4	50	50	70	50	40	40	50	30
5 和 6	45	45	50	40	35	35	30	20
7 和 8	35	35	50	40	35	35	30	20

9.3.2　齿轮侧隙指标的确定

齿轮啮合传动时，为了在啮合齿廓之间形成润滑油膜，避免因轮齿摩擦发热膨胀而卡死，齿廓之间必须留有间隙，此间隙称为齿侧间隙，简称侧隙。侧隙是由齿轮副中心距以及单个齿轮的齿厚或公法线长度来控制的。

1. 齿厚偏差

对于直齿轮，齿厚偏差 E_{sn} 是指在齿轮分度圆柱法向平面上，实际齿厚 S_{na} 与公称齿厚 S_n 之差，如图 9.11 所示。

按照定义，齿厚以分度圆弧长计值（弧齿厚），但弧长不便于测量。因此，实际上是按分度圆上的弦齿高来测量弦齿厚 S_{nc}，如图 9.12 所示。直齿轮分度圆上的公称弦齿厚 S_{nc} 与公称弦齿高 h_e 的计算公式为

$$S_{nc} = 2r\sin\delta = mz\sin\delta$$

$$h_e = r_a - \frac{mz}{2}\cos\delta \tag{9.3}$$

式中 δ——分度圆弦齿厚之半所对应的中心角，$\delta = \dfrac{\pi}{2z} + \dfrac{2x}{z}\tan\alpha$；

r_a——齿轮齿顶圆半径的公称值；

m, z, α, x——齿轮的模数、齿数、标准压力角、变位系数。

弦齿厚通常用游标测齿卡尺，或光学测齿卡尺以弦齿高为依据来测量。由于测量弦齿厚以及齿轮齿顶圆柱面作为测量基准，因此齿顶圆直径的实际偏差和齿顶圆柱面对齿轮基准轴线的径向圆跳动都对齿厚测量精度产生较大的影响。

为了限制齿厚的实际偏差，设计时应规定齿厚的上偏差 E_{sns} 和下偏差 E_{sni}。

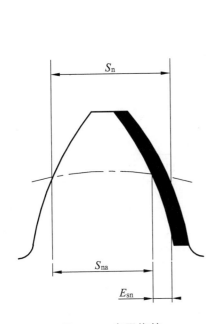

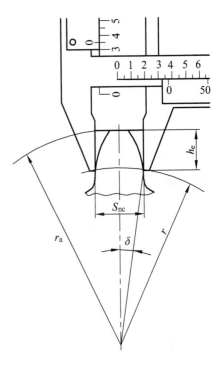

图 9.11 齿厚偏差   图 9.12 分度圆弦齿厚的测量

（1）最小法向侧隙 $j_{bn\,min}$ 的确定。

齿侧间隙通常有两种表示方法即圆周侧隙 j_{wt} 和法向侧隙 j_{bn}，如图 9.13 所示。

圆周侧隙 j_{wt} 是指安装好的齿轮副，当其中一个齿轮固定时，另一齿轮圆周的晃动量，以分度圆上弧长计值。

法向侧隙 j_{bn} 是指安装好的齿轮副，当工作齿面接触时，非工作齿面之间的最短距离。

测量 j_{bn} 需在基圆切线方向，也就是在啮合线方向上测量，一般可以通过压铅丝的方法测量，即齿轮啮合过程中在齿间放入一块铅丝，啮合后取出压扁了的铅丝测量其厚度。也可以用塞尺直接测量 j_{bn}。

最小法向侧隙 $j_{bn\,min}$ 是当工作温度处于标准温度（20°）时，齿轮副无负荷时所需最小限度的法向侧隙。其可根据传动时允许的工作温度、润滑方法及齿轮的圆周速度等工作条件来确定。计算公式如下：

$$j_{bn\,min} = \frac{2}{3}(0.06 + 0.000\,5\,|a| + 0.03m_n) \tag{9.4}$$

式中　　α——最小中心距；
　　　　m_n——法向模数。

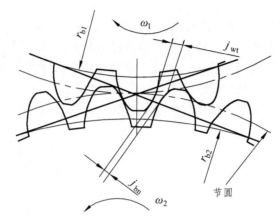

图 9.13　齿轮侧隙

按上式计算可以得出如表 9.3 所示的推荐数据。

表 9.3　中、大模数齿轮最小法向侧隙 $j_{bn\,min}$ 推荐数据

模数 m_n	中心距 a					
	50	100	200	400	800	1600
1.5	0.09	0.11	—	—	—	—
2	0.1	0.12	0.15	—	—	—
3	0.12	0.14	0.17	0.24	—	—
5	—	0.18	0.21	0.28	—	—
8	—	0.24	0.27	0.34	0.47	—
12	—	—	0.35	0.42	0.55	—
18	—	—	—	0.54	0.67	0.94

（2）齿厚上偏差。

齿厚应保证有最小减薄量，它是由分度圆齿厚上偏差 E_{sns} 形成的，如图 9.14 所示。其计算公式为

$$E_{sns} = -\frac{j_{bn\,min}}{2\cos\alpha_n}\qquad(9.5)$$

式中　　α_n——标准压力角。

（3）齿厚下偏差。

齿厚下偏差 E_{sni} 由齿厚上偏差 E_{sns} 和法向齿厚公差求得。即

$$E_{sni} = E_{sns} - T_{sn}\qquad(9.6)$$

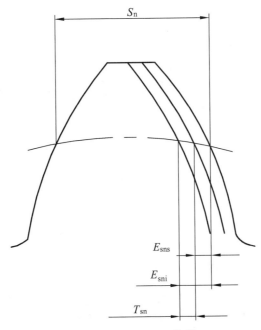

图 9.14　齿厚极限偏差

法向齿厚公差 T_{sn} 大体上与齿轮精度无关，如对最大侧隙有要求时，就必须进行计算。齿厚公差的选择要适当，公差过小势必增加齿轮制造成本；公差过大会使侧隙加大，使齿轮正、反转时空行程过大。齿厚公差 T_{sn} 可按下式求得：

$$T_{sn} = \sqrt{F_r^2 + b_r^2} \cdot 2\tan\alpha_n \tag{9.7}$$

式中　b_r——切齿径向进刀公差，可按表 9.4 选取。

表 9.4　切齿径向进刀公差 b_r 值

齿轮精度等级	4	5	6	7	8	9
b_r 值	1.26IT7	IT8	1.26 IT8	IT9	1.26IT9	IT10

2．公法线长度偏差

用公法线平均长度极限偏差控制齿厚齿轮齿厚的变化，必然引起公法线长度的变化。测量公法线长度同样可以控制齿侧间隙。

公法线长度的上偏差 E_{bns} 和下偏差 E_{bni} 与齿厚有如下关系：

$$E_{bns} = E_{sns}\cos\alpha_n \tag{9.8}$$

$$E_{bni} = E_{sni}\cos\alpha_n \tag{9.9}$$

公法线平均长度极限偏差可用公法线千分尺或公法线指示卡规进行测量。如图 9.15 所示。直齿轮测公法线时的卡量齿数 k 通常可按式（9.10）计算：

$$k = \frac{z}{9} + 0.5 \text{（取相近的整数）} \tag{9.10}$$

非变位的齿形角为 $20°$ 的直齿轮公法线长度为

$$W_k = m[2.952(k - 0.5) + 0.014z] \tag{9.11}$$

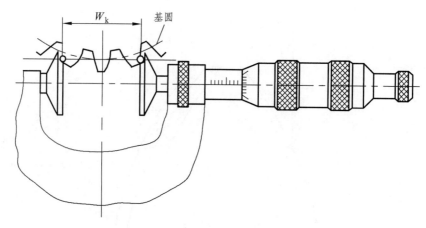

图 9.15　用公法线千分尺测量公法线长度

9.3.3　齿轮坯精度的确定

齿坯是指轮齿在加工前供制造齿轮的工件，齿坯的尺寸偏差和形位误差直接影响齿轮的加工和检验，影响齿轮副的接触和运行，因此必须加以控制。

齿轮的工作基准是其基准轴线，而基准轴线通常都是由某些基准来确定的，图 9.16 为两种常用的齿轮结构形式，在此给出其尺寸公差（见表 9.5）、几何公差的给定方法供参考。

表 9.5　齿坯尺寸公差

齿轮精度等级		5	6	7	8	9	10	11	12
孔	尺寸公差	IT5	IT6	IT7		IT8		IT9	
轴	尺寸公差	IT5		IT6		IT7		IT8	
顶圆直径偏差		$\pm0.05m_n$							

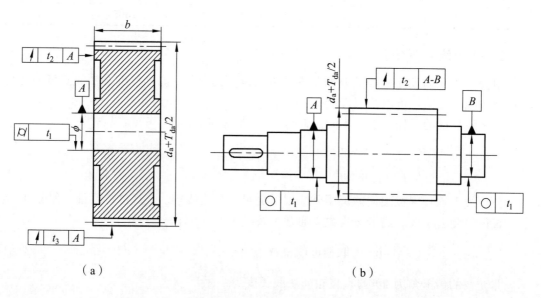

（a）　　　　　　　　　　　　　（b）

图 9.16　齿轮结构形式

图中 d_a 为齿顶圆直径；$\pm T_{da}/2$ 为齿顶圆直径偏差。

图 9.16（a）为用一个"长"的基准面（内孔）来确定基准轴线的例子。内孔的尺寸精度根据与轴的配合性质要求确定。内孔圆柱度公差 t_1 取 $0.04(L/b)F_\beta$ 或 $0.1F_p$ 两者中之较小值（L 为支承该齿轮的较大的轴承跨距）。齿轮基准端面圆跳动公差 t_2 和齿顶圆径向圆跳动公差 t_3 参考表 9.6。

表 9.6　齿坯径向和端面圆跳动公差

分度圆直径/mm	齿轮精度等级			
	3~4	5~6	7~8	9~10
到 125	7	11	18	28
>125~400	9	14	22	36

齿顶圆直径偏差对齿轮重合度及齿轮顶隙都有影响，有时还作为测量、加工基准，因此也给出公差，一般可以按 $\pm 0.05m_n$ 给出。图 9.16（b）为用两个"短"基准面确定基准轴线的例子。左右两个短圆柱面是与轴承配合面，其圆度公差 t_1 取 $0.04(L/b)F_\beta$ 或 $0.1F_p$ 两者中之小值。齿顶圆径向跳动 t_2 按表 9.6 查取，顶圆直径偏差取 $\pm 0.05m_n$。

齿面表面粗糙度可参考表 9.7。

表 9.7　齿面表面粗糙度推荐极限值　　　　　　　　　　　　　μm

齿轮精度等级	Ra		Rz	
	$m_n<6$	$6<m_n<25$	$m_n<6$	$6<m_n<25$
3	—	0.16	—	1.0
4	—	0.32	—	2.0
5	0.5	0.63	3.2	4.0
6	0.8	1.0	5.0	6.3
7	1.25	1.6	8.0	10
8	2.0	2.5	12.5	16
9	3.2	4.0	20	25
10	5.0	6.3	32	40

齿轮各基准面的表面粗糙度可参考表 9.8。

表 9.8　齿轮各基准面的表面粗糙度 Ra 推荐值　　　　　　　　　μm

各面粗糙度 Ra	齿轮精度等级				
	5	6	7	8	9
齿面加工方法	磨齿	磨或珩齿	剃或珩齿	精滚精插 插齿或滚齿	滚齿　铣齿
齿轮基准孔	0.32~0.63	1.25~2.5	1.25~2.5		5
齿轮轴基准轴径	0.32	0.36	1.25	2.5	
齿轮基准端面	1.25~2.5	2.5~5			3.2~5
齿轮顶圆	1.25~2.5	3.2~5			

9.4 圆柱齿轮精度标准及其应用

GB/T 10095.1—2008 和 GB/T 10095.2—2008 对齿轮规定了精度等级及各项偏差的允许值。

9.4.1 精度等级及其选择

标准对单个齿轮规定了 13 个精度等级，分别用阿拉伯数字 0，1，2，3，…，12 表示。其中，0 级精度最高，依次降低，12 级精度最低。其中 5 级精度为基本等级，是计算其他等级偏差允许值的基础。0 ~ 2 级目前加工工艺尚未达到标准要求，是为将来发展而规定的特别精密的齿轮；3 ~ 5 级为高精度齿轮；6 ~ 8 级为中等精度齿轮；9 ~ 12 级为低精度（粗糙）齿轮。

各级常用精度的各项偏差的数值可查表 9.9 ~ 表 9.12。

在确定齿轮精度等级时，主要依据齿轮的用途、使用要求和工作条件。选择齿轮精度等级的方法有计算法和类比法，多数采用类比法。类比法是根据以往产品设计、性能试验、使用过程中所积累的经验以及可靠的技术资料进行对比，从而确定齿轮的精度等级。

表 9.13 为各种机械采用的齿轮的精度等级，可供参考。

在机械传动中应用最多的齿轮既传递运动又传递动力，其精度等级与圆周速度密切相关，因此可计算出齿轮的最高圆周速度，参考表 9.14 确定齿轮精度等级。

表 9.9 径向圆跳动公差 F_r 的允许值

分度圆直径 d/mm	法向模数 m_n/mm	精度等级				
		5	6	7	8	9
		F_r/μm				
20<d≤50	2<m_n≤3.5	12	17	24	34	47
	3.5<m_n≤6	12	17	25	35	49
50<d≤125	2<m_n≤3.5	15	21	30	43	61
	3.5<m_n≤6	16	22	31	44	62
	6<m_n≤10	16	23	33	46	65
125<d≤280	2<m_n≤3.5	20	28	40	56	80
	3.5<m_n≤6	20	29	41	58	82
	6<m_n≤10	21	30	42	60	85
280<d≤560	2<m_n≤3.5	26	37	52	74	105
	3.5<m_n≤6	27	38	53	75	106
	6<m_n≤10	27	39	55	77	109

表 9.10　齿距累积总偏差 F_p 的允许值

分度圆直径 d/mm	法向模数 m_n/mm	精度等级				
		5	6	7	8	9
		F_p/μm				
20<d≤50	2<m_n≤3.5	15	21	30	42	59
	3.5<m_n≤6	15	22	31	44	62
50<d≤125	2<m_n≤3.5	19	27	38	53	76
	3.5<m_n≤6	19	28	39	55	78
	6<m_n≤10	20	29	41	58	82
125<d≤280	2<m_n≤3.5	25	35	50	70	100
	3.5<m_n≤6	25	36	51	72	102
	6<m_n≤10	26	37	53	75	106
280<d≤560	2<m_n≤3.5	33	46	65	92	131
	3.5<m_n≤6	33	47	66	94	133
	6<m_n≤10	34	48	68	97	137

表 9.11　齿廓总偏差 F_α 的允许值

分度圆直径 d/mm	法向模数 m_n/mm	精度等级				
		5	6	7	8	9
		F_α/μm				
20<d≤50	2<m_n≤3.5	7	10	14	20	29
	3.5<m_n≤6	9	12	18	25	35
50<d≤125	2<m_n≤3.5	8	11	16	22	31
	3.5<m_n≤6	9.5	13	19	27	38
	6<m_n≤10	12	16	23	33	46
125<d≤280	2<m_n≤3.5	9	13	18	25	36
	3.5<m_n≤6	11	15	21	30	42
	6<m_n≤10	13	18	25	36	50
280<d≤560	2<m_n≤3.5	10	15	21	29	41
	3.5<m_n≤6	12	17	24	34	48
	6<m_n≤10	14	20	28	40	56

表 9.12　螺旋线总偏差 F_β 的允许值

分度圆直径 d/mm	齿宽 b/mm	精度等级				
		5	6	7	8	9
		F_β/μm				
$20<d\leqslant50$	$10<b\leqslant20$	7	10	14	20	29
	$20<b\leqslant40$	8	11	16	23	32
$50<d\leqslant125$	$10<b\leqslant20$	7.5	11	15	21	30
	$20<b\leqslant40$	8.5	12	17	24	34
	$40<b\leqslant80$	10	14	20	28	39
$125<d\leqslant280$	$10<b\leqslant20$	8	11	16	22	32
	$20<b\leqslant40$	9	13	18	25	36
	$40<b\leqslant80$	10	15	21	29	41
$280<d\leqslant560$	$10<b\leqslant20$	9.5	13	19	27	38
	$20<b\leqslant40$	11	15	22	31	44
	$40<b\leqslant80$	13	18	26	36	52

表 9.13　不同机械传动中齿轮采用的精度等级

应用范围	精度等级	应用范围	精度等级
测量齿轮	2~5	航空发动机	4~7
蜗轮减速器	3~5	拖拉机	6~9
金属切削机床	3~8	通用减速器	6~8
内燃机车	6~7	轧钢机	5~10
电气机车	6~7	矿用绞车	8~10
轻型汽车	5~8	起重机械	6~10
载重汽车	6~9	农业机器	8~10

表 9.14　齿轮的精度等级适用范围

精度等级	5级	6级	7级	8级	9级
加工方法	在周期性误差非常小的精密齿轮机床上范成加工	在高精度的齿轮机床上范成加工	在高精度的齿轮机床上范成加工	用范成法或仿形法加工	任何方法
齿面最终精加工	精密磨齿。大型齿轮用精密滚齿滚切后，再研磨或剃齿	精密磨齿或剃齿	不淬火的齿轮推荐用高精度的刀具切制。淬火的齿轮需要精加工（磨齿、剃齿、研磨、衍齿）	不磨齿。必要时剃齿或研磨	不需要精加工

精度等级	5 级		6 级	7 级	8 级	9 级
使用范围	精密的分度机构用齿轮。用于高速、并对运转平稳性和噪声有比较高的要求的齿轮。高速汽轮机用齿轮。8 级或 9 级齿轮的标准齿轮		用于在高速下平稳地回转，并要求有最高的效率和低噪声的齿轮。分度机构用齿轮。特别重要的飞机齿轮	用于高速、载荷小或反转的齿轮。机床的进给齿轮，需要运动有配合的齿轮，中速减速齿轮，飞机齿轮	对精度没有特别要求的一般机械用齿轮，机床齿轮（分度机构除外），特别不重要的飞机、汽车、拖拉机齿轮，起重机、农业机械、普通减速器用齿轮	用于对精度要求不高，并且在低速下工作的齿轮
圆周速度/（m/s）	直齿轮	>20	≤15	≤10	≤6	≤2
	斜齿轮	>40	≤30	≤15	≤10	≤4
效率	≤0.99（轴承≤0.985）		≤0.99（轴承≤0.985）	≤0.98（轴承≤0.975）	≤0.97（轴承≤0.965）	≤0.96（轴承≤0.95）

9.4.2　最小侧隙和齿厚偏差的确定

参见 9.3.2 节中的内容，合理地确定侧隙值及齿厚偏差或公法线长度极限偏差。

9.4.3　检验项目的选用

选择检验组时，应根据齿轮的规格、用途、生产规模、精度等级、齿轮加工方式、计量仪器、检验目的等因素综合分析、合理选择。

1. 齿轮加工方式

不同的加工方式产生不同的齿轮误差，如滚齿加工时，机床分度蜗轮偏心产生公法线长度变动偏差，而磨齿加工时则由于分度机构误差将产生齿距累积偏差，故根据不同的加工方式采用不同的检验项目。

2. 齿轮精度

齿轮精度低，机床精度可足够保证，由机床产生的误差可不检验。齿轮精度高可选用综合性检验项目，反映全面情况。

3. 检验目的

终结检验应选用综合性检验项目，工艺检验可选用单项指标以便于分析误差原因。

4. 齿轮规格

直径≤400 mm 的齿轮可放在固定仪器上进行检验。大尺寸齿轮一般采用量具放在齿轮上进行单项检验。

5. 生产规模

大批量应采用综合性检验项目，以提高效率，小批单件生产一般采用单项检验。

6. 设备条件

选择检验项目时还应考虑工厂仪器设备条件及习惯检验方法。

齿轮精度标准 GB/T 10095.1—2008、GB/T 10095.2—2008 及其指导性技术文件中给出的偏差项目虽然很多，但作为评价齿轮质量的客观标准，齿轮质量的检验项目应该主要是单项指标即齿距偏差（F_p，$\pm f_{pt}$，$\pm F_{pk}$）、齿廓总偏差 F_α、螺旋线总偏差 F_β（直齿轮为齿向公差 F_β）及齿厚偏差 E_{sn}。标准中给出的其他参数，一般不是必检项目，而是根据供需双方具体要求协商确定的，这里体现了设计第一的思想。

9.4.4 齿坯及箱体的精度的确定

齿坯及箱体的精度应根据齿轮的具体结构形式和工作要求按本章 9.3.3 的内容确定。

9.4.5 齿轮在图样上的标注

在文件需叙述齿轮精度要求时，应注明标准代号，如 GB/T 10095.1—2008 或 GB/T 10095.2—2008。关于齿轮精度等级和齿厚偏差标注如下：

1. 齿轮精度等级的标注方法示例

7 GB/T 10095.1—2008

表示齿轮各项偏差项目均应符合 GB/T 10095.1—2008 的要求，精度均为 7 级。

7（F_p）6（F_α，F_β）GB/T 10095.1—2008

表示偏差 F_p，F_α，F_β 均按 GB/T 10095.1—2008 要求，但是 F_p 为 7 级，F_α 与 F_β 均为 6 级。

6（F_i''，f_i''）GB/T 10095.2—2008

表示偏差 F_i''，f_i'' 均按 GB/T 10095.2—2008 要求，精度均为 6 级。

2. 齿厚偏差常用标注方法

齿厚偏差标注时在齿轮工作图右上角参数表中标出其公称值及极限偏差。

9.4.6 齿轮精度设计实例

【例 9.1】某机床主轴箱传动轴上的一对直齿圆柱齿轮，$m=2.75$，$\alpha=20°$，小齿轮和大齿轮齿数 $z_1=26$，$z_2=56$，齿宽 $b_1=28$，孔径 $D=30$ mm，两轴承中间距离 L 为 90 mm，$n_1=1\ 650$ r/min，齿轮材料为钢，箱体材料为铸铁，单件小批量生产，试设计小齿轮的精度，并画出齿轮零件图。

解：（1）确定齿轮精度等级。

因该齿轮为机床主轴箱传动齿轮，由表 9.13 可以大致得出，齿轮精度在 3～8 级之间，进一步分析，该齿轮既传递运动又传递动力，因此可根据线速度确定其精度等级。

$$v = \frac{\pi d n_1}{1\,000 \times 60} = \frac{3.14 \times 2.75 \times 26 \times 1\,650}{1\,000 \times 60} = 6.17\,(\text{m/s})$$

参考表 9.14，该齿轮为 7 级精度，则齿轮精度表示为 7 GB/T 10095.1—2008。

（2）选择侧隙和齿厚偏差。

$$中心距\ a = \frac{m(z_1 + z_2)}{2} = \frac{2.75 \times (26 + 56)}{2} = 112.75\ (\text{mm})$$

按式（9.4）计算：

$$j_{bn\,min} = \frac{2}{3}(0.06 + 0.000\,5a + 0.03m_n)$$

$$= \frac{2}{3}\ (\ 0.06 + 0.000\,5 \times 112.75 + 0.03 \times 2.75\ ) = 0.133\ (\text{mm})$$

由公式（9.5）简化公式得

$$E_{sns} = \frac{j_{bn\,min}}{2\cos\alpha_n} = \frac{0.133}{2\cos 20°} = 0.071\ (\text{mm})$$

取负值 $E_{sns} = -0.071$ mm，分度圆直径 $d = mz = 2.75 \times 26 = 71.5(\text{mm})$，由表 9.9 查得 $F_r = 0.03$ mm。

由表 9.4 查得 $b_r = \text{IT9} = 0.074$ mm，按公式（9.7）计算齿厚公差为

$$T_{sn} = \sqrt{F_r^2 + b_r^2} \times 2\tan\alpha_n = \sqrt{0.03^2 + 0.074^2} \times 2\tan 20° = 0.058\ (\text{mm})$$

则由式（9.6）

$$E_{sni} = E_{sns} - T_{sn} = -0.071 - 0.058 = -0.129\ (\text{mm})$$

通常用检查公法线长度极限偏差来代替齿厚偏差，根据式（9.8）和式（9.9）：

上偏差　　$E_{bns} = E_{sns}\cos\alpha_n = -0.071 \times \cos 20° = -0.067\ (\text{mm})$

下偏差　　$E_{bni} = E_{sni}\cos\alpha_n = -0.129 \times \cos 20° = -0.121\ (\text{mm})$

由式（9.10）得卡量齿数 $k = \frac{z}{9} + 0.5 = \frac{26}{9} + 0.5 = 3.4$，取 $k = 3$。

由式（9.11）公法线公称长度：

$$W_k = m[2.952(k - 0.5) + 0.014z]$$

$$= 2.75[2.952(3 - 0.5) + 0.014 \times 26] = 21.297\,(\text{mm})$$

则公法线长度及偏差为 $W_k = 21.297_{-0.121}^{-0.067}$。

（3）确定检验项目及其偏差。

检验项目 F_p，F_α，F_β，F_r。查表 9.9 得 $F_r = 0.030$ mm，查表 9.10 得 $F_p = 0.038$ mm，查表 9.11 得 $F_\alpha = 0.016$ mm，查表 9.12 得 $F_\beta = 0.017$ mm。

（4）确定齿轮副精度。

① 中心距极限偏差 $\pm f_a$

由表 9.1 查得 $\pm f_a = \pm 0.027$ mm，则 $a = 112.75 \pm 0.027$（mm）

② 轴线平行度偏差 $\pm f_{\Sigma\delta}$ 和 $\pm f_{\Sigma\beta}$。

由式（9.1）得

$$f_{\Sigma\beta} = 0.5(L/b)F_\beta = 0.5(90/28) \times 0.017 = 0.027 \quad （mm）$$

由式（9.2）得

$$f_{\Sigma\delta} = 2 f_{\Sigma\beta} = 2 \times 0.027 = 0.052 \quad （mm）$$

（5）齿坯精度。

① 内孔尺寸偏差。

由表 9.5 得 IT7，即 $\phi 30 \text{H} 7 \, Ⓔ = \phi 30^{+0.021}_{0} \, Ⓔ$

② 齿顶圆直径偏差 $T_{da}/2$。

齿顶圆直径为

$$d_a = m_n(z+2) = 2.75 \times (26+2) = 77 \quad （mm）$$

根据表 9.5，推荐值

$$\pm T_{da}/2 = \pm 0.05\, m_n = \pm 0.05 \times 2.75 = \pm 0.014 \quad （mm）$$

则 $d_a = (77 \pm 0.014)$ mm

③ 基准面的形位公差。

内孔圆柱度 t：根据 9.3 节的推荐值可得到

$$0.04(L/b)F_\beta = 0.04(90/28) \times 0.017 \approx 0.002 \quad （mm）$$

$$0.1 F_p = 0.1 \times 0.038 \approx 0.004 \quad （mm）$$

取以上两值中的小者，即 $t_1 = 0.002$（mm）

端面圆跳动公差：由表 9.6 查得 $t_2 = 0.018$（mm）

顶圆径向圆跳动公差：由表 9.6 查得 $t_3 = 0.018$（mm）

④ 齿坯表面粗糙度。

由表 9.7 查得齿面 Ra 上限值为 1.25 μm。

由表 9.8 查得齿坯内孔 Ra 上限值为 1.25 μm，端面 Ra 上限值为 2.5 μm，顶圆 Ra 上限值为 3.2 μm，其余表面粗糙度 Ra 上限值为 12.5 μm。

该齿轮的零件图如图 9.17 所示。

模　数	m	2.75
齿　数	z	26
齿形角	α_n	20°
变位系数	x	0
精　度	\multicolumn{2}{c}{7 GB/T 10095.1—2008}
齿距累计总偏差	F_p	0.038
径向圆跳动公差	F_r	0.030
齿廓总偏差	F_α	0.016
螺旋线总偏差	F_β	0.017
公法线长度公称值与上、下偏差（$k=3$）	\multicolumn{2}{c}{$W_k=21.297^{-0.067}_{-0.121}$}

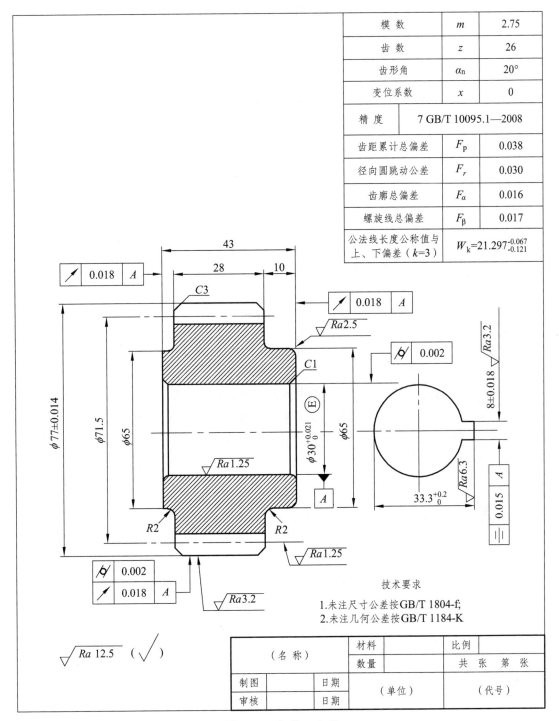

技术要求

1.未注尺寸公差按GB/T 1804-f;

2.未注几何公差按GB/T 1184-K

（名　称）	材料		比例	
	数量		\multicolumn{2}{c}{共　张　第　张}
制图		日期	\multirow{2}{*}{（单位）}	\multirow{2}{*}{（代号）}
审核		日期		

图 9.17　齿轮工作图

第10章　尺寸链

【学习目标】

（1）理解尺寸链的概念、组成、特点。

（2）理解解算尺寸链的任务。

（3）理解解算直线尺寸链的完全互换法、概率法和其他方法的特点和使用场合。

（4）初步建立尺寸链、用完全互换法和概率法解算直线尺寸链的能力。

10.1　概　述

机械零件无论在设计或制造中，一个重要的问题就是如何保证产品的质量。也就是说，设计一部机器，除了要正确选择材料，进行强度、刚度、运动精度计算外，还必须进行几何精度计算，合理地确定机器零件的尺寸公差和几何公差，在满足产品设计预定技术要求的前提下，能使零件、机器经济地加工和顺利地装配。为此，需对设计图样上要素与要素之间，零件与零件之间有相互尺寸、位置关系要求，且能构成首尾衔接、形成封闭形式的尺寸组加以分析，研究它们之间的变化。计算各个尺寸的极限偏差及公差，以便选择保证达到产品规定公差要求的设计方案与经济的工艺方法。尺寸链的原理方法就是进行几何参数精度综合设计的重要方法。

10.1.1　尺寸链的含义和特性

在机器装配或零件加工过程中，由相互连接的尺寸形成封闭的尺寸组，该尺寸组称为尺寸链。

如图 10.1（a）所示，零件经过加工依次得尺寸 A_1，A_0 和 A_3，则尺寸 A_2 也就随之确定。A_0，A_1，A_2 和 A_3 形成尺寸链。如图 10.1（b）所示，A_2 尺寸受 A_1，A_0 和 A_3 尺寸变化的影响，在零件图上是不标注的。

如图 10.2（a）所示，车床主轴轴线与尾架顶尖轴线之间的高度差 A_0，尾架顶尖轴线高度 A_1、尾架底板高度 A_2 和主轴轴线高度 A_3 等设计尺寸相互连接成封闭的尺寸组，形成尺寸链，如图 10.2（b）所示。

综上所述，尺寸链具备以下两种特性：

（1）封闭性，组成尺寸链的各个尺寸按一定顺序构成一个封闭系统。

（2）相关性，尺寸链中，只要有一个尺寸发生变动，将影响其他尺寸的变动。

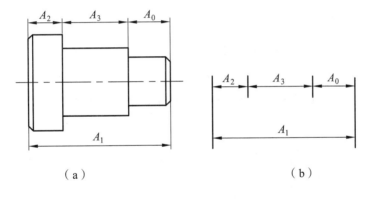

图 10.1　零件尺寸链

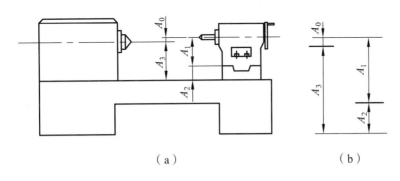

图 10.2　装配尺寸链

10.1.2　尺寸链的组成要素

尺寸链中的每一个尺寸，都称为环。如图 10.1 和图 10.2 中的 A_0，A_1，A_2 和 A_3，都是环。尺寸链的环分为封闭环和组成环。

1. 封闭环

尺寸链中在装配过程或加工过程最后自然形成的尺寸，它也是确保机器装配精度要求或零件加工质量的尺寸。如图 10.1 中的 A_2 和图 10.2 所示的 A_0 都是封闭环。

2. 组成环

尺寸链中除封闭环以外的其他各环都称为组成环，如图 10.1 中的 A_0，A_1，A_3 和图 10.2 中的 A_1，A_2 和 A_3。组成环按其对封闭环影响的不同，又分为增环与减环。

（1）增环。

当尺寸链中其他组成环不变时，某一组成环增大，封闭环亦随之增大，则该组成环称为增环。如图 10.1 中，若 A_1 增大，A_2 将随之增大，所以 A_1 为增环。

（2）减环。

当尺寸链中其他组成环不变时，某一组成环增大，封闭环反而随之减小，则该组成环称为减环。如图 10.1 中，若 A_0 和 A_3 增大，A_2 将随之减小，所以 A_0 和 A_3 为减环。

10.1.3　尺寸链的类型

1. 按在不同生产过程中的应用情况

（1）装配尺寸链。

在机器设计或装配过程中，由一些相关零件形成有联系且封闭的尺寸组，称为装配尺寸链，如图 10.2 所示。

（2）零件尺寸链。

同一零件上由各个设计尺寸构成相互有联系封闭的尺寸组，称为零件尺寸链，如图 10.1 所示。设计尺寸是指图样上标注的尺寸。

（3）工艺尺寸链。

在机械加工过程中，同一零件上由各个工艺尺寸构成的相互有联系且封闭的尺寸组，称为工艺尺寸链。工艺尺寸是指工序尺寸、定位尺寸、基准尺寸。

装配尺寸链与零件尺寸链统称为设计尺寸链。

2. 按尺寸链各环在空间所处的形态

（1）直线尺寸链。

尺寸链的全部组成环都平行于封闭环的尺寸链，称为直线尺寸链。如图 10.1 所示。

（2）平面尺寸链。

尺寸链的全部环都位于一个或几个平行的平面上，但其中某些组成环不平行于封闭环，这类尺寸链，称为平面尺寸链。图 10.3 所示即为平面尺寸链。

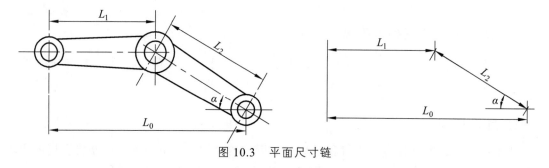

图 10.3　平面尺寸链

（3）空间尺寸链。

尺寸链的全部环位于空间不平行的平面上，称为空间尺寸链。

10.2　用完全互换法解尺寸链

完全互换计算尺寸链又称极限法，它是从尺寸链中各环的极限尺寸出发进行尺寸链计算，按照这种方法计算的尺寸来加工工件各组成环，则无须进行挑选或修配就能将工件装到机器上，且能达到封闭环的精度要求。

10.2.1　基本公式

假设尺寸链的组成环数为 m。A_0 为封闭环的基本尺寸，A_i 为第 i 个组成环的基本尺寸，令 $A_1 \sim A_n$ 为增环的基本尺寸，$A_{n+1} \sim A_m$ 为减环的基本尺寸，则对于尺寸链的基本公式如下：

（1）封闭环的基本尺寸 A_0 等于所有增环的基本尺寸之和减去所有减环的基本尺寸之和。

$$A_0 = \sum_{i=1}^{n} A_i - \sum_{i=n+1}^{m} A_i \tag{10.1}$$

（2）封闭环的上极限尺寸 $A_{0\max}$ 等于所有增环的上极限尺寸之和减去所有减环的下极限尺寸之和。

$$A_{0\max} = \sum_{i=1}^{n} A_{i\max} - \sum_{i=n+1}^{m} A_{i\min} \tag{10.2}$$

（3）封闭环的下极限尺寸 $A_{0\min}$ 等于所有增环的下极限尺寸之和减去所有减环的上极限尺寸之和。

$$A_{0\min} = \sum_{i=1}^{n} A_{i\min} - \sum_{i=n+1}^{m} A_{i\max} \tag{10.3}$$

（4）封闭环的上偏差 ES_0 等于所有增环的上偏差之和减去所有减环的下偏差之和。

$$\mathrm{ES}_0 = \sum_{i=1}^{n} \mathrm{ES}_i - \sum_{i=n+1}^{m} \mathrm{EI}_i \tag{10.4}$$

（5）封闭环的下偏差 EI_0 等于所有增环的下偏差之和减去所有减环的上偏差之和。

$$\mathrm{EI}_0 = \sum_{i=1}^{n} \mathrm{EI}_i - \sum_{i=n+1}^{m} \mathrm{ES}_i \tag{10.5}$$

（6）封闭环公差 T_0 等于所有组成环公差之和。

$$T_0 = \sum_{i=1}^{m} T_i \tag{10.6}$$

由式（10.6）看出：

（1）$T_0 > T_i$，即封闭环公差最大，精度最低。因此在零件尺寸链中应尽可能选取最不重要的尺寸作为封闭环。在装配尺寸链中，封闭环往往是装配后应达到的要求，不能随意选定。

（2）T_0 一定时，组成环数越多，则各组成环公差必然越小，经济性越差。因此，设计中应遵守"最短尺寸链"原则，即使组成环数尽可能少。

10.2.2　校核计算

校核计算的步骤如下：根据装配图确定封闭环，寻找组成环，画尺寸链图，判别增环和减环，由各组成环的基本尺寸和极限偏差验算封闭环的基本尺寸和极限偏差。最后校核几何精度设计的正确性。

【例 10.1】在图 10.4（a）所示齿轮部件中，设计要求齿轮右端面与挡环之间有间隙，现按工作条件，要求间隙 $A_0 = 0.10 \sim 0.45$ mm，已知：$A_3 = 43_{+0.10}^{+0.20}$ mm，$A_2 = A_5 = 5_{-0.05}^{0}$ mm，

$A_1 = 30_{-0.10}^{0}$ mm，$A_4 = 3_{-0.05}^{0}$ mm。试问所规定的各零件的公差及极限偏差能否保证齿轮部件装配后的技术要求？

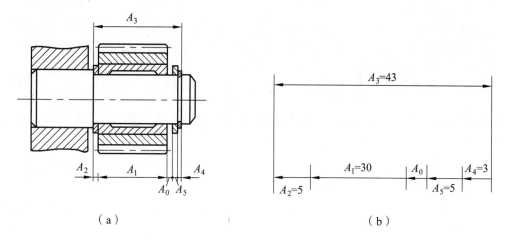

图 10.4   齿轮部件尺寸链图

解：（1）画尺寸链图，判断增环、减环。

齿轮部件的间隙 A_0 是装配过程最后形成的，是尺寸链的封闭环；$A_1 \sim A_5$ 是 5 个组成环，如图 10.4（b）所示，其中 A_3 是增环，A_1，A_2，A_4，A_5 是减环。

（2）按式（10.1）计算封闭环的基本尺寸。

$$A_0 = A_3 - (A_1 + A_2 + A_4 + A_5) = 43 - (30 + 5 + 3 + 5) = 0$$

即要求封闭环的尺寸为 $0_{+0.10}^{+0.45}$ mm。

（3）按式（10.4）和式（10.5）校核封闭环的极限偏差。

$$ES_0 = ES_3 - (EI_1 + EI_2 + EI_4 + EI_5) = +0.2 - (-0.10 - 0.05 - 0.05 - 0.05) = +0.45 (mm)$$

$$EI_0 = EI_3 - (ES_1 + ES_2 + ES_4 + ES_5) = +0.10 - (0 + 0 + 0 + 0) = +0.10 (mm)$$

（4）按式（10.6）校核封闭环的公差

$$T_0 = T_1 + T_2 + T_3 + T_4 + T_5 = 0.10 + 0.05 + 0.10 + 0.05 + 0.05 = 0.35 (mm)$$

计算结果表明，所规定的零件公差及极限偏差恰好保证齿轮部件装配的技术要求。

10.2.3 设计计算

已知封闭环的基本尺寸和极限偏差，求各组成环的基本尺寸和极限偏差，即合理分配各组成环公差问题。各组成环公差的确定可用两种方法，即等公差法和等精度法。

1. 等公差法

等公差法是假设各组成环的公差值是相等的，按照已知的封闭环公差 T_0 和组成环环数 m，计算各组成环的平均公差 T，即

$$T = \frac{T_0}{m} \tag{10.7}$$

在此基础上，根据各组成环的尺寸大小、加工的难易程度对各组成环公差做适当调整，并满足组成环公差之和等于封闭环公差的关系。

2. 等精度法

等精度法是假设各组成环的公差等级是相等的。对于尺寸≤500 mm，公差等级在 IT5 ~ IT18，公差值的计算公式为 $T=ai$，按照已知的封闭环公差 T_0 和各组成环的公差因子 i_k，计算各组成环的公差等级系数 a，即

$$a = \frac{T_0}{\sum_{k=1}^{m} i_k} \tag{10.8}$$

为方便计算，各尺寸分段的 i 值列于表 10.1。

表 10.1　尺寸≤500 mm 各尺寸分段的公差因子

分段尺寸	≤3	>3 ~ 6	>6 ~ 10	>10 ~ 18	>18 ~ 30	>30 ~ 50	>50 ~ 80	>80 ~ 120	>120 ~ 180	>180 ~ 250	>250 ~ 315	>315 ~ 400	>400 ~ 500
i/μm	0.54	0.73	0.90	1.08	1.31	1.56	1.86	2.17	2.52	2.90	3.23	3.54	3.89

求出 a 值后，将其与表 10.2 的数据相比较，得出最接近的公差等级后，可按该等级查标准公差表，求出组成环的公差值，从而进一步确定各组成环的极限偏差。各组成环的公差应满足组成环公差之和小于等于封闭环公差的关系。

表 10.2　标准公差等级系数 a

公差等级	IT6	IT7	IT8	IT9	IT10	IT11	IT12	IT13	IT14	IT15	IT16	IT17	IT18
a	10	16	25	40	64	100	160	250	400	640	1000	1600	2500

确定各组成环的极限偏差时，要先保留一个组成环作为调整环，其余组成环的极限偏差按"入体原则"确定，即内尺寸要素的下偏差为 0，外尺寸要素的上偏差为 0，非尺寸要素的公差带取对称分布。

计算完成后，还需进行校核，以保证计算的正确性。

【例 10.2】图 10.5（a）所示为某齿轮箱的一部分，根据使用要求，间隙 A_0=1 ~ 1.75 mm，若已知：A_1=140 mm，A_2=5 mm，A_3=101 mm，A_4=50 mm，A_5=5 mm。试计算 A_1 ~ A_5 各尺寸的极限偏差与公差。

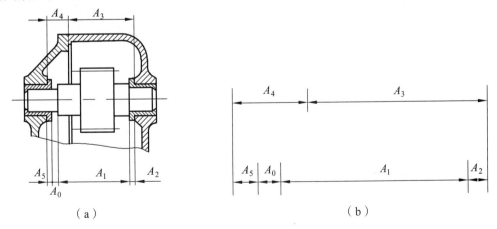

（a）　　　　　　　　　（b）

图 10.5　齿轮箱部件尺寸链图

解：（1）画尺寸链图，区分增环、减环。

间隙 A_0 是装配过程最后形成的，是尺寸链的封闭环。$A_1 \sim A_5$ 是 5 个组成环，如图 10.5（b）所示，其中 A_3，A_4 是增环，A_1，A_2，A_5 是减环。

（2）按式（10.1）计算封闭环的基本尺寸。

$$A_0 = A_3 + A_4 - (A_1 + A_2 + A_5) = 101 + 50 - (140 + 5 + 5) = 1（mm）$$

式中，A_0 为内尺寸，故下偏差取 0，所以 A_0 取 $1_0^{+0.750}$ mm。

（3）用等精度法确定各组成环的公差。

首先由表 10.1 查出各尺寸的公差因子：$i_1 = 2.52$，$i_2 = i_5 = 0.73$，$i_3 = 2.17$，$i_4 = 1.56$。然后按式（10.8）计算各组成环的平均公差等级系数 a：

$$a = \frac{T_0}{\sum_{k=1}^{5} i_k} = \frac{750 - 0}{(2.52 + 0.73 + 2.17 + 1.56 + 0.73)} = 97.3$$

由表 10.2 查得，接近 IT11 级。确定 A_4 为调整环，则根据各组成环的基本尺寸，从标准公差表查得各组成环的公差为 $T_1 = 250 \ \mu m$，$T_2 = T_5 = 75 \ \mu m$，$T_3 = 220 \ \mu m$。

$$T_4 = T_0 - (T_1 + T_2 + T_3 + T_5) = 750 - (250 + 75 + 220 + 75) = 130（\mu m）$$

再根据 A_4 的基本尺寸查标准公差表，可取 $T_4 = 100 \ \mu m$（IT10）。

$$T_1 + T_2 + T_3 + T_4 + T_5 = 250 + 75 + 220 + 100 + 75 = 720（\mu m）< 750（\mu m）$$

所以按上述 IT10 和 IT11 级分配相应的组成环公差是合适的。

（4）确定各组成环的极限偏差。

① 确定 A_4 为调整环，其余尺寸根据"入体原则"配置，A_1，A_2，A_5 为外尺寸，按 h 配置；A_3 为内尺寸，按 H 配置。因此除 A_4 以外的各组成环的极限偏差如下：

$$A_1 = 140_{-0.25}^{0} \ mm, \quad A_2 = A_5 = 5_{-0.075}^{0} \ mm, \quad A_3 = 101_0^{+0.22} \ mm$$

② 计算 A_4 的极限偏差。

$EI_0 = EI_3 + EI_4 - (ES_1 + ES_2 + ES_5) = 0 + EI_4 - (0 + 0 + 0) = 0（mm）$，则 $EI_4 = 0$ mm。因为 $T_4 = 100 \ \mu m$，所以 A_4 的极限偏差为 $A_4 = 50_0^{+0.10}$ mm。

（5）校核封闭环极限偏差。

按式（10.4）和式（10.5）计算

$$EI_0 = EI_3 + EI_4 - (ES_1 + ES_2 + ES_5) = 0 + 0 - (0 + 0 + 0) = 0（mm）$$

$$ES_0 = ES_3 + ES_4 - (EI_1 + EI_2 + EI_5) = +0.22 + 0.10 - (-0.25 - 0.075 - 0.075)$$
$$= +0.72（mm）$$

故满足间隙 A_0 在 $1 \sim 1.75$ mm 的要求。

最后结果为

$$A_1 = 140_{-0.25}^{0} \ mm, \quad A_2 = A_5 = 5_{-0.075}^{0} \ mm, \quad A_3 = 101_0^{+0.22} \ mm, \quad A_4 = 50_0^{+0.10} \ mm$$

10.3　用概率法解尺寸链

从尺寸链各环分布的实际可能性出发进行尺寸链的计算，称为概率法（不完全互换法）。

但是，由生产实践可知，在成批生产和大量生产中，零件实际尺寸的分布是随机的，多数情况下可考虑成正态分布或偏态分布。换句话说，如果加工或工艺调整中心接近公差带中心时，大多数零件的尺寸分布于公差带中心附近，靠近极限尺寸的零件数目极少。因此，可利用这一规律，将组成环公差放大，这样不但使零件易于加工，同时又能满足封闭环的技术要求，从而获得更大的经济效益。当然，此时封闭环超出技术要求的情况是存在的，但其概率很小，所以这种方法又称大数互换法。

10.3.1　基本公式

1. 封闭环公差

由于在大批量生产中，封闭环 A_0 的变化和组成环 A_i 的变化都可视为独立随机变量，且 A_0 是 A_i 的函数，则可按随机函数的标准偏差的求法，得

$$\sigma_0 = \sqrt{\sum_{i=1}^{m} \xi_i^2 \sigma_i^2} \tag{10.9}$$

式中　σ_0，σ_1，$\cdots$，σ_m——封闭环和各组成环的标准偏差；

ξ_1，ξ_2，$\cdots$，ξ_m——传递系数。

若组成环和封闭环尺寸偏差均服从正态分布，且分布范围与公差带宽度一致，且 $T_i = 6\sigma_i$，此时封闭环的公差与组成环公差有如下关系：

$$T_0 = \sqrt{\sum_{i=1}^{m} \xi_i^2 T_i^2} \tag{10.10}$$

如果考虑到各组成环的分布不为正态分布时，式中应引入相对分布系数 k_i，对不同的分布，k_i 值的大小可由表 10.3 中查出，则

$$T_0 = \frac{\sqrt{\sum_{i=1}^{m} \xi_i^2 k_i^2 T_i^2}}{k_0} \tag{10.11}$$

2. 封闭环中间偏差

上偏差与下偏差之和的平均值为组成环的中间偏差，用 $\varDelta$ 表示，即

$$\varDelta_i = \frac{\mathrm{ES}_i + \mathrm{EI}_i}{2}，i = 1 \sim m \tag{10.12}$$

当各组成环为对称分布时，封闭环中间偏差为

$$\varDelta_0 = \sum_{i=1}^{m} \xi_i \varDelta_i \tag{10.13}$$

当组成环为其他不对称分布时，则平均偏差相对中间偏差之间偏移量为 $\dfrac{eT}{2}$，e 称为相对不对称系数（对称分布 $e=0$，见表 10.3），这时式（10.12）应改为

$$\varDelta_0 = \sum_{i=1}^{m} \xi_i \left(\varDelta_i + e_i \frac{T_i}{2} \right) \tag{10.14}$$

3. 封闭环、组成环极限偏差

封闭环上偏差等于中间偏差加二分之一封闭环公差，下偏差等于中间偏差减二分之一封闭环公差，即

封闭环极限偏差

$$\mathrm{ES}_0 = \varDelta_0 + \frac{1}{2}T_0, \quad \mathrm{EI}_0 = \varDelta_0 - \frac{1}{2}T_0 \tag{10.15}$$

组成环极限偏差

$$\mathrm{ES}_i = \varDelta_i + \frac{1}{2}T_i, \quad \mathrm{EI}_i = \varDelta_i - \frac{1}{2}T_i \;; \quad i = 1 \sim m \tag{10.16}$$

表 10.3　相对不对称系数 e 和相对分布系数 k

分布特征	正态分布	三角分布	均匀分布	瑞利分布	偏态分布	
					外尺寸	内尺寸
分布曲线						
e	0	0	0	−0.28	0.26	−0.26
k	1	1.22	1.73	1.14	1.17	1.17

10.3.2　校核计算

【例 10.3】用概率法解例 10.1。

解：步骤（1）和（2）同例 10.1。

（3）校核封闭环公差。

若组成环和封闭环尺寸偏差均服从正态分布，且分布范围与公差带宽度一致，且因该尺寸链为线性尺寸链，故 $K_0=K_i=1$，$|\xi_i|=1$。$T_1=0.1$ mm，$T_2=0.05$ mm，$T_3=0.1$ mm，$T_4=0.05$ mm，$T_5=0.05$ mm。

$$T_0' = \sqrt{T_1^2 + T_2^2 + T_3^2 + T_4^2 + T_5^2} \approx 0.166 \,(\mathrm{mm}) < 0.35\,(\mathrm{mm})$$

由于封闭环公差得计算值 0.166 mm 小于技术条件给定值 0.35 mm，可见给定的组成环公差是正确的。

（4）确定封闭环中间偏差。

根据尺寸链图 10.4（b）知，$\xi_1=-1$，$\xi_2=-1$，$\xi_3=1$，$\xi_4=-1$，$\xi_5=-1$。按式（10.12）得 $\varDelta_1 = -0.05$ mm，$\varDelta_2 = -0.025$ mm，$\varDelta_3 = +0.15$ mm，$\varDelta_4 = -0.025$ mm，$\varDelta_5 = -0.025$ mm。则按式（10.13）计算得

$$\varDelta_0' = \varDelta_3 - (\varDelta_1 + \varDelta_2 + \varDelta_4 + \varDelta_5) = +0.15 + 0.05 + 0.025 + 0.025 + 0.025 = +0.275\,(\mathrm{mm})$$

（5）校核封闭环极限偏差。

$$ES'_0 = \Delta'_0 + \frac{1}{2}T'_0 = 0.275 + 0.083 = +0.358(\text{mm}) < +0.45(\text{mm})$$

$$EI'_0 = \Delta'_0 + \frac{1}{2}T'_0 = 0.275 - 0.083 = +0.192(\text{mm}) < +0.10(\text{mm})$$

以上计算说明题干给出的组成环极限偏差是满足使用要求的。

10.3.3 设计计算

用概率法解尺寸链的设计计算和完全互换法解尺寸链方法和步骤基本相同，其目的仍是如何把封闭环的公差分配到各组成环上。用概率法解尺寸链的方法也分为"等公差法"和"等精度法"，只是公式发生了变化。采用"等公差法"时，各组成环的公差：

$$T = \frac{T_0}{\sqrt{m}} \tag{10.17}$$

采用"等精度法"时，各组成环的公差等级系数：

$$a = \frac{T_0}{\sqrt{\sum_{k=1}^{m} i_k^2}} \tag{10.18}$$

【**例 10.4**】用概率法中的"等精度法"解例 10.2。

解：步骤（1）和（2）同例 10.2。

（3）确定各组成环的公差。

① 若组成环和封闭环尺寸偏差均服从正态分布，且分布范围与公差带宽度一致，且因该尺寸链为线性尺寸链，故 $K_0 = K_i = 1$，$|\xi_i| = 1$。首先由表 10.1 查出各尺寸的公差因子：$i_1 = 2.52$，$i_2 = i_5 = 0.73$，$i_3 = 2.17$，$i_4 = 1.56$。然后按式（10.18）计算各组成环的平均公差等级系数 a：

$$a = \frac{T_0}{\sqrt{\sum_{k=1}^{5} i_k^2}} = \frac{750}{\sqrt{2.52^2 + 0.73^2 + 2.17^2 + 1.56^2 + 0.73^2}} \approx 197$$

查表 10.2，可知 $a = 197$ 在 IT12 和 IT13 之间，但更接近 IT12 = 160，故公差等级取 IT12 级。则查公差等级表得：$T_1 = 400\ \mu\text{m}$，$T_2 = T_5 = 120\ \mu\text{m}$，$T_3 = 350\ \mu\text{m}$，$T_4 = 250\ \mu\text{m}$。

② 将上述数据代入下式，校核封闭环公差。

$$T'_0 = \sqrt{T_1^2 + T_2^2 + T_3^2 + T_4^2 + T_5^2} \approx 0.611\ (\text{mm}) < 0.75\ (\text{mm})$$

由于封闭环公差得计算值 0.611 mm 小于技术条件给定值 0.75 mm，可见确定的组成环公差是正确的。

（4）确定各组成环的极限偏差。

① 确定 A_4 为调整环，其余组成环根据"入体原则"配置，A_1，A_2，A_5 为外尺寸，按 h 配置；A_3 为内尺寸，按 H 配置。因此各组成环的极限偏差如下：

$$A_1 = 140_{-0.4}^{\ 0}\text{mm}, \quad A_2 = A_5 = 5_{-0.12}^{\ 0}\text{mm}, \quad A_3 = 101_{\ 0}^{+0.35}\text{mm}$$

② 确定 A_4 的极限偏差。

根据步骤（1）得 $A_0 = 1^{+0.750}_0 \text{mm}$，则各环的中间偏差为 $\Delta_0 = +0.375 \text{ mm}$，$\Delta_1 = -0.2 \text{ mm}$，$\Delta_2 = -0.06 \text{ mm}$，$\Delta_3 = +0.175 \text{ mm}$，$\Delta_5 = -0.06 \text{ mm}$。

根据尺寸链图 10.5（b）可知，$\xi_1 = -1$，$\xi_2 = -1$，$\xi_3 = 1$，$\xi_4 = 1$，$\xi_5 = -1$。则按式（10.13）计算得

$$\Delta_0 = \Delta_3 + \Delta_4 - (\Delta_1 + \Delta_2 + \Delta_5) = +0.175 + \Delta_4 + 0.2 + 0.06 + 0.06 = +0.375 \text{（mm）}$$

则 $\Delta_4 = -0.12 \text{（mm）}$

再按式（10.16）计算得

$$\text{ES}_4 = \Delta_4 + \frac{1}{2}T_4 = -0.12 + 0.125 = +0.005 \text{（mm）}$$

$$\text{EI}_4 = \Delta_4 - \frac{1}{2}T_4 = -0.12 - 0.125 = -0.245 \text{（mm）}$$

（5）校核封闭环极限偏差。

① 计算封闭环的中间偏差。

$$\Delta'_0 = \Delta_3 + \Delta_4 - \Delta_1 + \Delta_2 + \Delta_5 = +0.375 \text{（mm）}$$

② 校核封闭环的极限偏差。

$$\text{ES}'_0 = \Delta'_0 + \frac{1}{2}T'_0 = 0.375 + 0.305 = +0.68 \text{(mm)} < +0.75 \text{(mm)}$$

$$\text{EI}'_0 = \Delta'_0 - \frac{1}{2}T'_0 = 0.375 - 0.305 = +0.07 \text{(mm)} > 0 \text{(mm)}$$

以上计算说明给定的组成环极限偏差是满足使用要求的。

最后结果为

$$A_1 = 140^{0}_{-0.4} \text{mm}, A_2 = A_5 = 5^{0}_{-0.12} \text{mm}, A_3 = 101^{+0.35}_{0} \text{mm}, A_4 = 50^{+0.005}_{-0.245} \text{mm}$$

由例 10.4 和例 10.2 相比较可以看出，用概率法计算所确定的组成环公差值要比用完全互换法计算确定的组成环公差值要大，公差等级要更低，且在实际生产中出现不合格件的可能性又很小，因而能给生产带来显著的经济效益。

10.4　解尺寸链的其他方法

在生产中，装配尺寸链各组成环的公差和极限偏差若按上述方法进行计算和给出，那么在装配时，一般不需要进行修配和调整就能顺利进行装配，且能满足封闭环的技术要求。但在某些场合，为了获得更高的装配准确度，同时生产条件又不允许提高组成环的制造准确度时，则可采用分组互换法、修配法和调整法来完成。

10.4.1　分组互换法

将按封闭环的技术要求确定的组成环的平均公差扩大 N 倍，使工件容易加工，然后根据完工后的实际偏差用分选机将其按一定尺寸偏差间隔分成 N 组，根据大配大，小配小的

原则对应组进行装配，以达到封闭环的技术要求，这样同一组的尺寸偏差工件也具备互换性。为保证装配后，各种尺寸偏差工件配合性质一致，其增环公差值应等于减环公差值。

10.4.2　修配法

将尺寸链的各组成环基本尺寸按经济加工精度的要求给定公差值，即扩大公差生产，封闭环公差值比技术要求有所扩大，为保证封闭环技术条件，预先选定一环为补偿环，用切去补偿环部分材料的方法使封闭环达到技术要求。补偿环一般以该环容易拆装和修配，工艺技术不太重要，且不是尺寸链中的公共环，以免影响其余组成环。

10.4.3　调整法

将尺寸链的各组成环基本尺寸按经济加工精度的要求给定公差值，即扩大公差生产，封闭环公差值比技术要求有所扩大，为保证封闭环技术条件，预先选定一环为补偿环。选定的补偿不用切除材料，而是具有调整补偿其尺寸和位置来实现扩大封闭公差值，但又能保证封闭环的技术条件达到要求。

第11章　测量技术基础

【学习目标】

（1）了解测量的基本概念。
（2）认识测量仪器，了解测量方法。
（3）掌握测量误差及数据的处理。

测量技术是互换性得以实现的必要保障。只有通过测量才能获知零件的几何精度是否达到设计和使用要求，才能做出零件是否合格的评价。所以，机械制造业的发展离不开测量技术的发展，测量技术的发展促进了现代制造技术的发展。在"设计、制造、检测"三大环节中，测量占有极其重要的地位。

11.1　测量的基本概念

在确定被测对象的量值为目的的一组操作过程中，将被测对象与体现计量单位的标准量进行比较。设被测几何量为 L，所采用的计量单位为 E，则它们的比值 q 为

$$q = \frac{L}{E} \tag{11.1}$$

即被测几何量的量值 L 为测量所得的量值 q 与计量单位 E 的乘积，即

$$L = q \times E \tag{11.2}$$

式（11.2）表明，任何几何量的量值都由几何量的数值和该几何量的计量单位组成。显然，要进行测量，必须要明确被测对象和确定计量单位，采用合适的测量方法，获得测量结果。

一个完整的测量过程是需要包括以下几个要素的。

1. 测量对象

主要是指几何量，包括长度、角度、表面粗糙度轮廓、形状和位置误差以及螺纹、齿轮的几何参数等。

2. 计量单位

我国的计量单位一律采用《中华人民共和国法定计量单位》中规定的单位，几何量中

长度的基本单位为米(m)，几何量中平面角的角度单位为弧度(rad)，立体角为球面度(sr)。

3. 测量方法

主要指进行测量时所用的，按类别叙述的一组操作逻辑次序。根据被测对象参数的特点，如精度、大小、轻重、材质、数量等来确定测量方法，从而确定所用的计量器具，分析研究被测参数的特点和与其他参数的关系，最后确定对该参数如何进行测量。

4. 测量误差

指测量结果减去被测量的真值。但真值是不能确定的，实际上用的是近似真值。近似真值常常是某个参数的多次测量结果来确定。测量误差大说明测量精度低，所以误差和精度是两个相对的概念。

11.1.1　计量基准

在生产和科学实验中测量需要标准量，而标准量所体现的量值需要由基准提供。因此，为了保证测量的准确性，就必须建立起统一、可靠的计量单位基准。

1. 长度基准

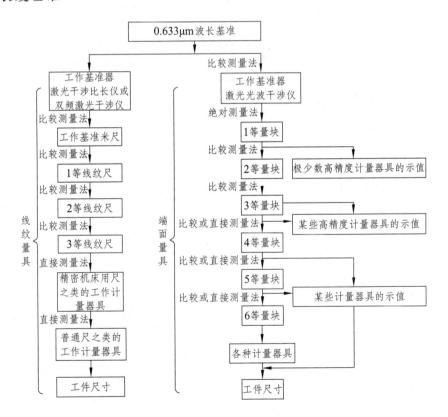

图 11.1　长度基准传递系统

米是国际上通用的长度计量单位，米的长度被定义为光在真空中于 1/299′792′458 秒内行进的距离。在实际工作中不能直接使用光波作为长度基准进行测量，在用各种测量器具进行测量时，为了保证量值统一，必须把长度基准的量值准确地传递到所使用的计量器具和被测工件上。在生产中都是通过一些高精度的计量器具将基准的量值传递。直接可用这些测量器具对零件进行测量。目前，通过线纹尺和量块这两个主要媒介将国家基准波长向下传递。长度基准的量值传递系统如图 11.1 所示。

2. 角度基准

角度也是机械制造中重要的几何参数。但在实际应用中，为了测量方便，角度基准的实物基准常用特殊合金钢或石英玻璃制成的多面棱体，并建立了角度量值的传递系统。

多面棱体的工作面数有 4，6，8，12，24，36，72 等几种。图 11.2 所示的多面棱体为正八面棱体，它所有相邻两工作面法线间的夹角均为 45°，因此用它作为角度基准可以测量任意 $n \times 45°$ 的角度（n 为正整数）。图 11.3 是以多面棱体为角度基准的量值传递系统。

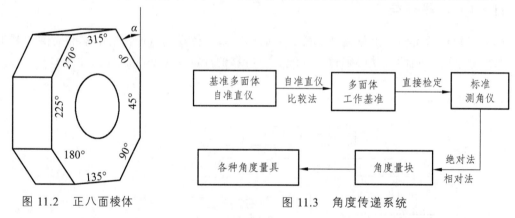

图 11.2 正八面棱体　　　　　图 11.3 角度传递系统

11.1.2 量块

量块也称为块规，用途广，可作为长度基准的传递媒介，也可以作为生产中用来检定和校准测量工具或调整仪器。

量块的外形如图 11.4 和图 11.5 所示。绝大多数量块被制成直角平行六面体，即有 2 个测量面和 4 个侧面构成。量块的测量面是经过研磨加工的，所以其表面较侧面要光滑得多，很容易区分开来。

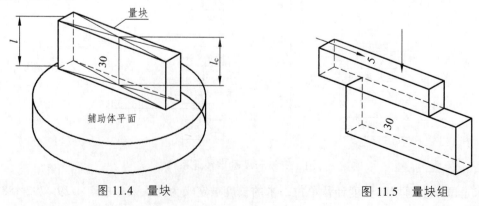

图 11.4 量块　　　　　　　图 11.5 量块组

量块的长度是指测量面上任意点到与其相对的另一侧测量面相研合的辅助体表面之间的垂直距离，用符号 l 表示，辅助体的材料表面质量应与量块相同。量块的中心长度是指量块未研合测量面中心点的量块长度，用符号 l_c 表示，如图 11.4 所示。量块标称长度是指标记在量块上，用以表明其与主单位（mm）之间关系的量值，也称为量块长度的示值或量块的标称长度。当量块的标称长度不大于 5.5 mm 时，代表标称长度的数码刻在上测量面上，与其相对的为下测量面，参见图 11.5 中 5 mm 的量块。当量块的标称长度大于 5.5 mm 时，代表标称长度的数码刻在面积较大的一个侧面上，参见图 11.5 中 30 mm 的量块。

按 GB/T 6093—2001 标准中的规定，量块按制造精度分为 6 级，即 00，K，0，1，2，3 级。其中 00 级的精度最高，精度依次降低，3 级的精度最低，K 级为标准级，具体数值参见表 11.1。

表 11.1　各级量块精度指标

标称长度 l_n/mm	K 级		0 级		1 级		2 级		3 级	
	$\pm t_e$	t_v	$\pm t_e$	t_v	$\pm t_e$	t_v	$\pm t_e$	t_v	$\pm t_e$	t_v
	μm									
$l_n \leqslant 10$	0.20	0.05	0.12	0.10	0.20	0.16	0.45	0.30	1.0	0.50
$10 < l_n \leqslant 25$	0.30	0.05	0.14	0.10	0.30	0.16	0.60	0.30	1.2	0.50
$25 < l_n \leqslant 50$	0.40	0.06	0.20	0.10	0.40	0.18	0.80	0.30	1.6	0.55
$50 < l_n \leqslant 75$	0.50	0.06	0.25	0.12	0.50	0.18	1.00	0.35	2.0	0.55
$75 < l_n \leqslant 100$	0.60	0.07	0.30	0.12	0.60	0.20	1.20	0.35	2.5	0.60
$100 < l_n \leqslant 150$	0.80	0.08	0.40	0.14	0.80	0.20	1.6	0.40	3.0	0.65
$150 < l_n \leqslant 200$	1.00	0.09	0.50	0.16	1.00	0.25	2.0	0.40	4.0	0.70
$200 < l_n \leqslant 250$	1.20	0.10	0.60	0.16	1.20	0.25	2.4	0.45	5.0	0.75

注：距离测量面边缘 0.8 mm 范围内不计。

按 JJG 146—2003《量块检定规程》标准中的规定，量块长度测量根据量块测量的不确定度允许值和长度变动量的允许值分为 1，2，3，4，5 五等，其中 1 等的精度最高，精度依次降低，5 等的精度最低，具体数值参见表 11.2。

表 11.2　各等量块精度指标

标称长度 l_n/mm	1 等		2 等		3 等		4 等		5 等	
	测量不确定度	长度变动量	测量不确定度	长度变动量	测量不确定度	长度变动量	测量不确定度	长度变动量	测量不确定度	长度变动量
	最大允许值/μm									
$l_n \leqslant 10$	0.022	0.05	0.06	0.10	0.11	0.16	0.22	0.30	0.6	0.50
$10 < l_n \leqslant 25$	0.025	0.05	0.07	0.10	0.12	0.16	0.25	0.30	0.6	0.50
$25 < l_n \leqslant 50$	0.03	0.06	0.08	0.10	0.15	0.18	0.3	0.30	0.8	0.55
$50 < l_n \leqslant 75$	0.035	0.06	0.09	0.12	0.18	0.18	0.35	0.35	0.9	0.55
$75 < l_n \leqslant 100$	0.04	0.07	0.1	0.12	0.20	0.20	0.40	0.35	1.0	0.60

续表

标称长度 l_n/mm	1 等		2 等		3 等		4 等		5 等	
	测量不确定度	长度变动量	测量不确定度	长度变动量	测量不确定度	长度变动量	测量不确定度	长度变动量	测量不确定度	长度变动量
	最大允许值/μm									
$100 < l_n \leqslant 150$	0.05	0.08	0.12	0.14	0.25	0.20	0.5	0.40	1.2	0.65
$150 < l_n \leqslant 200$	0.06	0.09	0.15	0.16	0.30	0.25	0.6	0.40	1.5	0.70
$200 < l_n \leqslant 250$	0.07	0.1	0.18	0.16	0.35	0.25	0.7	0.45	1.8	0.75

注：① 距离测量面边缘 0.8 mm 范围内不计。
②表内测量不确定度置信概率为 0.99。
③摘自 JJG 46—2003。

量块具有研合性。所谓的研合性是指量块的一个测量面与另一个测量面或另一经精加工的类似量块测量面的表面，通过分子力的作用而相互黏合的性能。利用量块的研合性，可以在一定的尺寸范围内，将不同尺寸的量块进行组合而形成所需的工作尺寸。按 GB/T 6093—2001 规定，我国生产的成套量块有 91 块、83 块、46 块、12 块等 17 种规格。表 11.3 列出了国产 83 块一套量块的尺寸构成系列。

表 11.3　成套量块（83 块）

尺寸系列/mm	间隔/mm	块数
0.5	—	1
1	—	1
1.005	—	1
1.01 ~ 1.49	0.01	49
1.5 ~ 1.9	0.1	5
2.0 ~ 9.5	0.5	16
10 ~ 100	10	10

注：摘自 GB/T 6093—2001。

使用量块时，为了减少量块组合的累积误差，应尽量减少量块数量，一般不超过 4 ~ 5 块。量块组合时，可从消去所需工作尺寸的最小尾数开始，逐一选取。例如，为了得到工作尺寸为 38.785 mm 的量块组，从 83 块一套的量块中可分别选取 1.005 mm，1.28 mm，6.5 mm 和 30 mm 等 4 块量块。如果要得到 25 mm 量块组，可从表 11.3 中选 5 mm 和 20 mm 两块组成，也可选 10 mm，7 mm 和 8 mm 3 块组成。

11.2　计量器具和测量方法

计量器具是测量仪器和测量工具的总称。把没有传动放大系统的计量器具称为量具，例如游标卡尺等；把有传动放大系统的计量器具称为量仪，比如投影仪等。

11.2.1　度量指标

计量器具的度量指标是合理选择和使用计量器具的重要依据。基本度量指标主要有以下几项：

1. 标尺间距

标尺间距是指测量仪器沿着标尺长度的同一条线测得的两相邻标尺标记之间的距离。标尺间距一般为 0.75 ~ 2.5 mm。

2. 标尺间隔

标尺间隔也称为分度值，是指测量仪器的标尺对应两相邻标记的两个值之差。标尺间隔用标在标尺上的单位表示，即标尺上所能读出的最小单位。一般长度计量器具的标尺的间隔（分度值）有 0.1 mm、0.05 mm、0.02 mm、0.01 mm、0.005 mm、0.002 mm、0.001 mm 等几种。例如，立式光学计的目镜视场所能见到的标尺间隔或分度值为 0.001 mm（1 μm）。通常，分度值越小，计量器具的精度越高。

3. 分辨率

分辨率是指测量仪器所能有效辨别的最小的示值差。由于在一些量仪（如数字式量仪）中，其读数采用非标尺或非分度盘显示，因此就不能使用分度值这一概念，而将其称为分辨率，即当变化一个有效数字时示值的变化。例如，国产 JC19 型数显万能工具显微镜的分辨率为 0.5 μm。此概念也适用于记录式装置。

4. 示值范围

示值范围是指计量器具所显示或指示的最小值到最大值的范围。

5. 测量范围

测量范围是指测量仪器所能测量的最小值到最大值的范围。例如，立式光学计的测量范围为 0 ~ 180 mm，量程为 180 mm。

6. 灵敏度

灵敏度是指测量仪器响应的变化除以对应的激励变化，即测量仪对被测量变化的反应能力。若被测几何量的激励变化为 ΔL，该几何量引起计量器具的响应变化为 Δx，则灵敏度 S 为

$$S = \frac{\Delta x}{\Delta L} \tag{11.3}$$

当式（11.3）中分子和分母为同种量时，灵敏度也称为放大比。对于具有等分刻度的标尺或分度盘的量仪，放大比等于标尺间距与分度值之比，例如立式光学计的标尺间距为

0.96 mm，分度值为 0.001 mm，其放大比为 960。一般地说，分度值越小，则计量器具的灵敏度就越高。

7. 示值误差

示值误差是指测量仪器的示值与被测几何量的真值之差。通常示值误差越小，则测量仪器的精度就越高。

8. 修正值

修正值用代数法与未修正测量结果相加，以补偿其系统误差的值。修正值等于负的系统误差。其大小与示值误差的绝对值相等，而符号相反。例如，示值误差为-0.002 mm，则修正值为+0.002 mm。

9. 重复精度

重复精度是指在相同的测量条件下，对同一个被测几何量进行连续多次测量所得结果之间的一致性。差异小，重复精度高，计量器具精度也高。

10. 稳定度

稳定度是指在规定工作条件下，计量器具保持其计量特性恒定不变的程度。稳定度高，测量精度也相对较高。

11.2.2　测量仪器

1. 量具类

量具类是通用的有刻度的或无刻度的一系列单值和多值的量块和量具等，如长度量块、90°角尺、角度量块、线纹尺、游标卡尺、千分尺等。

2. 量规类

量规是没有刻度且专用的计量器具。可用以检验零件要素实际尺寸和形位误差的综合结果。使用量规检验不能得到工件的具体实际尺寸和形位误差值，而只能确定被检验工件是否合格。如使用光滑极限量规检验孔、轴，只能判定孔、轴的合格与否，不能得到孔、轴的实际尺寸。

3. 计量仪器

计量仪器（简称量仪）是能将被测几何量的量值转换成可直接观测的示值或等效信息的一类计量器具。计量仪器按原始信号转换的原理可分为以下几种：

（1）机械量仪。

机械量仪是指用机械方法实现原始信号转换的量仪，一般都具有机械测微机构。这种量仪结构简单、性能稳定、使用方便，如指示表、杠杆比较仪等。

（2）光学量仪。

光学量仪是指用光学方法实现原始信号转换的量仪，一般都具有光学放大（测微）机构。这种量仪精度高、性能稳定。如光学比较仪、工具显微镜、干涉仪等。

（3）电动量仪。

电动量仪是指能将原始信号转换为电量信号的量仪，一般都具有放大、滤波等电路。这种量仪精度高、测量信号经模/数（A/D）转换后，易于与计算机接口，实现测量和数据处理的自动化，如电感比较仪、电动轮廓仪、圆度仪等。

（4）气动量仪。

气动式量仪是以压缩空气为介质，通过气动系统流量或压力的变化来实现原始信号转换的量仪。这种量仪结构简单、测量精度和效率都高、操作方便，但示值范围小，如水柱式气动量仪、浮标式气动量仪等。

4. 计量装置

计量装置是指为确定被测几何量值所必需的计量器具和辅助设备的总体。它能够测量同一工件上较多的几何量和形状比较复杂的工件，有助于实现检测自动化或半自动化。如齿轮综合精度检查仪、发动机缸体孔的几何精度综合测量仪等。

11.2.3　测量方法

测量方法的分类很多，这里是按获得测量结果的方式，来从不同的角度分类。

1. 直接测量和间接测量

（1）直接测量。

直接测量是指被测的量值直接由计量器具读出。例如，用游标卡尺、千分尺测量零件直径。

（2）间接测量。

间接测量是指欲测量的量值由几个实测的量值按一定的函数关系式运算后获得的。如图 11.6 所示，用弦高法间接测量圆弧样板的直径 D，为了得到 D 的量值，只要测得弦高 H 和弦长 S 的量值，然后按式（11.4）进行计算即可。

$$D = \frac{S^2}{4H} + H \tag{11.4}$$

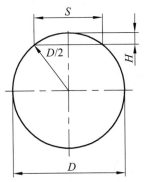

图 11.6　用弦高法测圆弧直径

2. 绝对测量和相对测量

（1）绝对测量。

绝对测量是指计量器具显示或指示的示值即是被测几何量的量值。例如，用游标卡尺、千分尺测量零件直径。

（2）相对测量。

是指计量器具显示或指示出被测几何量相对于已知标准量的偏差，测量结果为已知标准量与该偏差值的代数和。例如，用立式光学计测量轴径，测量时先根据轴的基本尺寸用量块调整仪示值零位，然后换上被测轴进行测量，该仪器指示出的示值为被测轴径相对于量块尺寸的偏差值，即实际偏差。一般来说，相对测量的测量精度比绝对测量的高。

3. 接触测量和非接触测量

（1）接触测量。

接触测量是指测量时计量器具的测头与被测表面直接接触。例如，用游标卡尺、千分尺、立式光学计测量轴径，用触针式轮廓仪测量表面粗糙度轮廓。在接触测量中，由于接触时有机械作用的测量力，使接触可靠，但测头与被测表面的接触会引起弹性形变，产生测量误差或划伤工件表面。

（2）非接触测量。

非接触测量是指测量时计量器具的测头不与被测表面接触。例如，用光切显微镜测量表面粗糙度轮廓，用工具显微镜测量孔径和螺纹参数。非接触测量适宜于软质表面或薄壁易变形工件的测量。

4. 单项测量和综合测量

（1）单项测量。

单项测量是指分别对工件上的各被测几何量进行独立测量。例如，分别测量外螺纹的螺距、牙侧角和中径。

（2）综合测量。

综合测量是指同时测量零件上几个相关参数的综合效应或综合指标，以判断综合结果是否合格。例如，用螺纹量规通规综合检验螺纹的螺距、牙侧角和中径是否合格。

就零件整体来说，单项测量的效率比综合测量的低，但单项测量便于进行工艺分析，综合测量适用于大批量生产，且只要求判断合格与否，而不需要得到具体的误差值。

11.3　测量误差及数据处理

11.3.1　测量误差的概念

零件的制造误差，包括加工误差和测量误差。由于计量器具和测量条件的限制，测量误差是始终存在的，所以测得的实际尺寸就不可能为真值，即使是对同一零件同一部位进行多次测量，其结果也会产生变动。测量误差可用绝对误差（测量误差）或相对误差来表示。

1. 绝对误差

绝对误差是测量结果减去被测量的真值，常称为测量误差或误差。测量结果是由测量所得到的赋予被测量的值。

$$\delta = L - L_0 \tag{11.5}$$

式中　δ——绝对误差；

　　　L——测量结果；

　　　L_0——被测量的真值。

用绝对误差表示测量精度，只能用于评比大小相同的被测值的测量精度。而对于大小不相同的被测值，则需要用相对误差来评价其测量精度。

2. 相对误差

相对误差是测量误差（取绝对值）除以被测量的真值。由于被测量的真值不能确定，因此在实际应用中常以被测量的实际测得值代替真值进行估算。即等于绝对误差与被测值之比。

$$\varepsilon = \frac{|\delta|}{L_0} \approx \frac{|\delta|}{L} \times 100\% \tag{11.6}$$

式中　ε——相对误差。

例如，测得两个轴径大小分别为 50 mm 和 30 mm，它们的绝对误差都是为 0.01 mm，则它们的相对误差分别为 $\varepsilon_1 = 0.01/50 = 0.0002$，$\varepsilon_2 = 0.01/30 = 0.000\,33$，因此前者的测量精度比后者高。相对误差通常用百分比来表示，即 $\varepsilon_1 = 0.02\%$，$\varepsilon_2 = 0.033\%$。

11.3.2　测量误差的来源

1. 测量方法误差

测量方法误差是指测量方法的不完善引起的误差。例如，在测量中，工件安装、定位不准确或测头偏离、测量基准面本身的误差和计算不准确等所造成的误差。

2. 计量器具的误差

计量器具的误差是指测量仪器本身所具有的误差以及各种辅助测量工具、附件等的误差。

（1）设计原理误差。

指测量仪器的测量原理、结构设计和计算不严格等所造成的误差。例如，设计计量器具时，为了简化结构而采用近似设计的方法，结构设计违背了阿贝原则（阿贝原则是指测量长度时，应使被测量的测量线与量仪中作为标准量的测量线重合或同一条直线上）。

如图 11.7 所示，用游标卡尺测量轴的直径，游标卡尺的读数刻度尺（标准量）与被测轴的直径不在同一条直线上，两者相距 S，违背了阿贝原则。在测量过程中，卡尺活动量爪倾斜一个角度 φ，此时产生的测量误差 δ 按下式计算

$$\delta = L - L_1 = S \cdot \tan \varphi \approx S \cdot \varphi$$

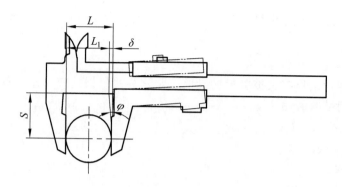

图 11.7　用游标卡尺测量轴径

（2）制造和调整误差。

制造和调整误差是指测量仪器的零件制造和装配误差会引起测量误差。例如，读数装置中分划板、标尺、刻度盘的刻度不准确和装配偏心、倾斜，仪器传动装置中的杠杆、齿轮副、螺旋副的制造和装配误差，光学系统的制造和调整误差，传动元件之间的间隙、摩擦和磨损，电子元件的质量误差等。

（3）测量力误差。

在接触测量时，为了保证接触可靠，必须有一定的测量力，会引起被测零件表面和量仪的测量系统产生弹性变形，产生测量误差。但是这类误差值很小，一般可以忽略不计。

3. 测量环境误差

测量环境误差是指测量时环境条件不符合标准的测量条件所引起的误差。例如，环境温度、湿度等不符合标准都会产生测量误差，在长度测量中温度的影响是主要的，其余各因素只在高精度测量或有要求时才考虑。当温度偏离标准温度（20 ℃），引起的测量误差为

$$\Delta L = L[\alpha_1(t_1 - 20°\text{C}) - \alpha_2(t_2 - 20°\text{C})] \tag{11.7}$$

式中　L——被测长度；

　　　α_1，α_2——被测零件、计量器具的线膨胀系数；

　　　t_1，t_2——测量时被测零件、计量器具的温度，℃。

因此，测量时应根据测量精度的要求，合理控制环境温度，以减小温度对测量精度的影响。

4. 人为误差

人为误差是指测量人员主观因素造成的人为差错，它也会产生测量误差。例如，测量人员使用计量器具不正确、眼睛的视差或分辨能力造成的瞄准不准确、读数或估读错误等，都会产生测量误差。

11.3.3　测量误差的分类

测量误差可分为系统误差、随机误差和粗大误差 3 类。

1．系统误差

系统误差是指在相同的条件下，多次测取同一量值时，绝对值和符号均保持不变，或者绝对值和符号按某一规律变化的测量误差。前者称为定值系统误差，后者称为变值系统误差。

定值系统误差，对测量引起的误差大小是不变的。例如，在光学比较仪上用相对法测量零件尺寸时，调整量仪所用量块的误差，对每一次测量引起的误差大小是不变的。

变值系统误差，对测量的影响是按一定的规律变化的。例如，量仪分度盘的偏心引起仪器的示值按正弦规律周期变化，刀具正常磨损引起的加工误差，温度均匀变化引起的测量误差等。

2．随机误差

随机误差是指在相同的条件下，多次测取同一量值时，绝对值和符号以不可确定的方式变化着的测量误差。

随机误差主要是由测量过程中一些偶然性因素或不稳定因素引起的。例如，量仪传动机构的间隙、摩擦、测量力的不稳定以及温度波动等引起的测量误差，都属于随机误差。

对单次测量而言，随机误差的绝对值和符号无法预先知道。但对于连续多次重复测量来说，随机误差还是符合一定的概率统计规律，因此，可以应用概率论和数理统计的方法来对它进行分析与计算，从而判断其误差范围。

3．粗大误差

粗大误差是指超出在规定测量条件下预计的测量误差。粗大误差是由于测量者粗心大意造成不正确的测量、读数、记录及计算上的错误，外界条件的突然变化等原因造成的误差。所以该误差很容易被发现和剔除。正确的测量过程应该避免粗大误差。

11.3.4　测量精度的分类

测量精度是指被测几何量的测得值与其真值的接近程度。它和测量误差是从两个不同的角度来说明同一概念的术语。测量误差越大，则测量精度就越低。测量精度有以下几种分类：

（1）正确度，它反映测量结果中系统误差的影响程度。系统误差小，则正确度就高。

（2）精密度，它反映测量结果中随机误差的影响程度。随机误差小，则精密度就高。

（3）准确度，它反映测量结果中系统误差和随机误差的综合影响程度。如果系统误差和随机误差都小，则准确度就高。如图 11.8 所示。

如图 11.8（a）所示，弹着点距靶心较远，弹着点却密集，所以系统误差大、正确度差，随机误差小、精密度高。如图 11.8（b）所示，弹着点虽围绕靶心，但弹着点却较散，所以系统误差小、正确度高，随机误差大、精密度差。如图 11.8（c）所示，弹着点距靶心较近，弹着点密集，准确度高，所以系统误差小、正确度高，随机误差小、精密度高。如图 11.8（d）所示，弹着点距靶心较远，弹着点也很散，准确度低，所以系统误差大、正确度差，随机误差大、精密度低。

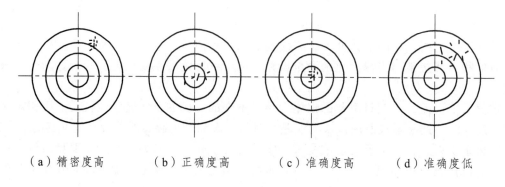

（a）精密度高　　　（b）正确度高　　　（c）准确度高　　　（d）准确度低

图 11.8　精密度、正确度和准确度

11.3.5　测量数据的处理

1. 随机误差的特性及其评定

通过对大量的测试实验数据进行统计分析，随机误差通常服从正态分布规律，其正态分布曲线如图 11.9 所示，正态分布曲线的数学表达式为

$$y = \frac{1}{\sigma\sqrt{2\pi}}e^{-\frac{\delta^2}{2\sigma^2}} \tag{11.8}$$

式中　y——概率密度；

σ——标准偏差；

δ——随机误差（$L-L_0$）；

e——自然对数的底，e=2.718 28。

e 的指数绝对值越小，随机误差出现的概率越大，反之则越小。即 δ 越小，y 值越大；$\delta=0$ 时，y 值达到最大值 $y_{max} = \frac{1}{\sigma\sqrt{2\pi}}$。

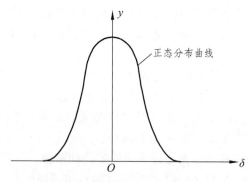

图 11.9　正态分布曲线

概率密度 y 的大小与随机误差 δ、标准偏差 σ 有关。概率密度最大值随标准偏差大小的不同而异。当 $\sigma_1 < \sigma_2 < \sigma_3$，则 $y_{1max} > y_{2max} > y_{3max}$。即 σ 越小，则曲线就越陡，随机误差的分布就越集中，测量精度就越高；反之，σ 越大，则曲线就越平坦，随机误差的分布就越分散，

测量精度就越低。随机误差的标准偏差 σ 可用式（11.9）计算得到：

$$\sigma = \sqrt{\frac{\delta_1^2 + \delta_2^2 + \cdots + \delta_N^2}{N}} \tag{11.9}$$

式中　δ_1，δ_2，δ_3，$\cdots$，δ_N——测量列中各测得值相应的随机误差；

　　　　N——测量次数。

由概率论可知，随机误差正太分布曲线下所包含的面积等于其相应区间确定的概率，倘若随机误差区间在（$-\infty \sim +\infty$）时，则其概率为

$$P = \int_{-\infty}^{+\infty} y \, \mathrm{d}\delta = \int_{-\infty}^{+\infty} \frac{1}{\sigma\sqrt{2\pi}} \mathrm{e}^{-\frac{\delta^2}{2\sigma^2}} \, \mathrm{d}\delta = 1 \tag{11.10}$$

如果随机误差区间落在（$-\delta \sim +\delta$）间时，则其概率为

$$P = \int_{-\delta}^{+\delta} y \, \mathrm{d}\delta = \int_{-\delta}^{+\delta} \frac{1}{\sigma\sqrt{2\pi}} \mathrm{e}^{-\frac{\delta^2}{2\sigma^2}} \, \mathrm{d}\delta \tag{11.11}$$

为了化成标准正态分布，将上式进行变量置换，设 $t = \dfrac{\delta}{\sigma}$，$\mathrm{d}t = \dfrac{\mathrm{d}\delta}{\sigma}$，则式（11.11）化为

$$P = \frac{1}{\sqrt{2\pi}} \int_{-t}^{+t} \mathrm{e}^{-\frac{t^2}{2}} \, \mathrm{d}t = \frac{2}{\sqrt{2\pi}} \int_{0}^{t} \mathrm{e}^{-\frac{t^2}{2}} \, \mathrm{d}t = 2\varphi(t) \tag{11.12}$$

函数 $\phi(t)$ 称为拉普拉斯函数。表 11.4 列出了不同 t 值对应的 $\phi(t)$ 值。

表 11.4　正态概率积分值 $\phi(t)$

t	$\phi(t)$	t	$\phi(t)$	t	$\phi(t)$	t	$\phi(t)$	t	$\phi(t)$
0.00	0.000 0	0.55	0.2088	1.10	0.364 3	1.65	0.450 5	2.40	0.491 8
0.05	0.019 9	0.60	0.2257	1.15	0.374 9	1.70	0.455 4	2.50	0.493 8
0.10	0.039 8	0.65	0.2422	1.20	0.384 9	1.75	0.459 9	2.60	0.495 3
0.15	0.059 6	0.70	0.2580	1.25	0.394 4	1.80	0.464 1	2.70	0.496 5
0.20	0.079 3	0.75	0.2734	1.30	0.403 2	1.85	0.467 8	2.80	0.457 4
0.25	0.098 7	0.80	0.2881	1.35	0.411 5	1.90	0.471 3	2.90	0.498 1
0.30	0.117 9	0.85	0.3023	1.40	0.419 2	1.95	0.474 4	3.00	0.498 65
0.35	0.136 8	0.90	0.3159	1.45	0.426 5	2.00	0.477 2	3.20	0.499 31
0.40	0.155 4	0.95	0.3289	1.50	0.433 2	2.10	0.482 1	3.42	0.499 66
0.45	0.173 6	1.00	0.3413	1.55	0.439 4	2.20	0.486 1	3.60	0.499 841
0.50	0.191 5	1.05	0.3531	1.60	0.445 2	2.30	0.489 3	3.80	0.499 928

表 11.5 给出 $t=1$，2，3，4 四个特殊值所对应的 $2\phi(t)$ 值和 $[1-2\phi(t)]$ 值。由此表可见，当 $t=3$ 时，在 $\delta = \pm3\sigma$ 范围内的概率为 99.73%，δ 超出该范围的概率仅为 0.27%，即连续进行 370 次的测量，随机误差超出 $\pm3\sigma$ 的只有 1 次。

表 11.5 四个特殊 t 值对应的概率

t	$\delta=\pm t\sigma$	不超出 δ 的概率 $p=2\phi(t)$	超出 $|\delta|$ 的概率 $\alpha=1-2\phi(t)$
1	1σ	0.682 6	0.317 4
2	2σ	0.954 4	0.045 6
3	3σ	0.997 3	0.002 7
4	4σ	0.999 36	0.000 64

在实际测量时，测量次数一般不会太多。随机误差超出 $\pm 3\sigma$ 的情况实际上很难出现。因此，可取 $\delta=\pm 3\sigma$ 作为随机误差的极限值，记作

$$\delta_{\lim} = \pm 3\sigma \tag{11.13}$$

显然，$\delta_{\lim}$ 也是测量列中单次测量值的测量极限误差。选择不同的 t 值，就对应有不同的概率，测量极限误差的可信程度也就不一样。随机误差在 $\pm t\sigma$ 范围内出现的概率称为置信概率，t 称为置信因子或置信系数。在测量中，通常取置信因子 $t=3$，则置信概率为 99.73%。

例如对一轴径进行测量，测得值为 20.003 mm。若已知标准偏差 $\sigma=0.000\,3$ mm，置信概率取 99.73%，则测量结果为：$20.003\pm 3\times 0.000\,3=20.003\pm 0.000\,9$（mm）。即被测量的真值有 99.73% 的可能性在 20.002 1 ~ 20.003 9 mm。

2. 随机误差的处理

对某一对象在相同的测量条件下重复测量 N 次，得到测量列的测得值为 L_1，L_2，L_3，… L_N。设测量列的测得值中不包含系统误差和粗大误差，被测量的真值为 L_0，则可得出相应各次测得值的随机误差分别为

$$\delta_1=L_1-L_0 \; ; \quad \delta_2 = L_2 - L_0 \; ; \quad \cdots \; ; \quad \delta_N = L_N - L_0$$

则对随机误差的处理首先应按式（11.9）计算单次测量值的标准偏差，然后再由式（11.13）计算得到随机误差的极限值 $\delta_{\lim}$。故测量结果为

$$L=L_0\pm\delta_{\lim}=L_0\pm 3\sigma$$

但是，由于被测量的真值 L_0 未知，所以不能按式（11.9）计算求得标准偏差 σ 的数值。在实际测量时，当测量次数 N 充分大时，随机误差的算术平均值趋于零，因此可以用测量列中各个测得值的算术平均值代替真值，并用一定的方法估算出标准偏差，进而确定测量结果。具体处理过程如下：

（1）计算测量列中各个测得值的算术平均值。

设测量列的各个测得值分别为 L_1，L_2，$\cdots$，L_N，则算术平均值 $\overline{L}$ 为

$$\overline{L} = \frac{\sum\limits_{i=1}^{N} L_i}{N} \tag{11.14}$$

式中 　　N——测量次数。

（2）计算残差。

用算术平均值代替真值后，计算各个测得值 L_i 与算术平均值 $\overline{L}$ 之差称为残余误差（简称残差），记为 v_i，即

$$v_i = L_i - \overline{L} \tag{11.15}$$

残差具有如下两个特性：

残差的代数和等于零，即 $\sum_{i=1}^{N} v_i = 0$。这一特性可用来校核算术平均值及残差计算的准确性。

残差的平方和为最小，即 $\sum_{i=1}^{N} v_i^2 = \min$。由此可以说明，用算术平均值作为测量结果是最可靠且最合理的。

（3）估算测量列中单次测量值的标准偏差。

用测量列中各个测得值的算术平均值代替真值计算得到各个测得值的残差后，可按贝赛尔（Bessel）公式计算出单次测量值的标准偏差的估计值。贝赛尔公式为

$$\sigma = \sqrt{\frac{\sum_{i=1}^{N} v_i^2}{N-1}} \tag{11.16}$$

式（11.16）中根号内的分母为（$N-1$），而不是 N，这是因为受 N 个测得的残差代数和等于零这个条件约束，所以 N 个残差只能等效于（$N-1$）个独立的随机变量。

这时，单次测量值的测量结果 L 可表示为

$$L = L_0 \pm \delta_{\lim} = L_0 \pm 3\sigma \tag{11.17}$$

（4）计算测量列算术平均值的标准偏差。

若在相同的测量条件下，对同一被测量进行多组测量（每组皆测量 N 次），则对应每组 N 次测量都有一个算术平均值，各组的算术平均值不相同。不过，它们的分散程度要比单次测量值的分散程度小得多。根据误差理论，测量列算术平均值的标准偏差 $\sigma_{\overline{L}}$ 与测量列单次测量值的标准偏差 σ 存在如下关系：

$$\sigma_{\overline{L}} = \frac{\sigma}{\sqrt{N}} \tag{11.18}$$

式中 N——每组的测量次数。

多次（组）测量所得算术平均值的测量结果 L 可表示为

$$L = \overline{L} \pm \delta_{\lim(\overline{L})} = \overline{L} \pm 3\sigma_{\overline{L}} \tag{11.19}$$

3. 粗大误差的处理

粗大误差的数值（绝对值）相当大，其明显歪曲了测量结果。在测量中应尽可能避免。如果粗大误差已经产生，则应根据判断粗大误差的准则予以剔除，粗大误差的判定准则有 3σ 准则、肖维勒准则、格拉布斯准则以及狄克逊准则等。这里介绍常用的 3σ 准则。

3σ 准则认为，当测量列服从正态分布时，残余误差落在 $\pm 3\sigma$ 外的概率仅有 0.27%，故将超出 $\pm 3\sigma$ 的残余误差作为粗大误差。因此，当测量列中出现绝对值大于 3σ 的残差时，即

$$|v_i| > 3\sigma \tag{11.20}$$

如果式（11.20）成立，则认为该残差对应的测得值含有粗大误差，应予以剔除。

4．直接测量的数据处理

【例 11.1】 在立式光学计上对某一轴径进行等精度测量 15 次，按测量顺序将各测得值依次列于表 11.6 中，试求测量结果。

解： 假设计量器具已经检定且测量环境得到有效控制，可认为测量列中不存在定值系统误差。

（1）求测量列算术平均值，根据式（11.14）有

$$\bar{L} = \frac{\sum\limits_{i=1}^{N} L_i}{N} = 24.990 \ (\text{mm})$$

（2）判断系统误差。

根据残差的计算结果（见表 11.6），误差的符号大体上正负相同，且无显著变化规律，因此可以认为测量列中不存在变值系统误差。

（3）计算测量列单次测量值的标准偏差，由式（11.16）得

$$\sigma = \sqrt{\frac{\sum\limits_{i=1}^{v} v_i^2}{N-1}} = \sqrt{\frac{122}{15-1}} \approx 2.95 \ (\mu\text{m})$$

（4）判断粗大误差。

按照 3σ 准则，$3\sigma = 3 \times 2.95 = 8.85 \ (\mu\text{m})$，而表 11.6 中测量列中所有的残差的绝对值：$|v_i| < 3\sigma$。因此可判断该测量列中不存在粗大误差。

（5）计算测量列算术平均值的标准偏差由式（11.18）得

$$\sigma_{\bar{L}} = \frac{\sigma}{\sqrt{N}} = \frac{2.95}{\sqrt{15}} \approx 0.762 \ (\mu\text{m})$$

（6）计算测量列算术平均值的测量极限误差。

$$\delta_{\lim(\bar{L})} = \pm 3\sigma_{\bar{L}} = \pm 3 \times 0.762 = \pm 2.286 \ (\mu\text{m})$$

（7）确定测量结果，由式（11.19）得

$$L = \bar{L} + \delta_{\lim(\bar{L})} = 24.99 \pm 0.002 \ 3 \ (\text{mm})$$

该轴颈的测量结果为 24.990 mm，其误差在 ±0.002 3 mm 内的可能性为 99.73%。

表 11.6 数据处理计算表

测量序号	测得值 L_i /mm	残差 $v_i = L_i - \bar{L}$ /μm	残差的平方 v_i^2 /μm²
1	24.99	0	0
2	24.987	−3	9
3	24.989	−1	1
4	24.99	0	0
5	24.992	2	4
6	24.994	4	16

测量序号	测得值 L_i /mm	残差 $v_i = L_i - \overline{L}$ /μm	残差的平方 v_i^2 /μm²
7	24.99	0	0
8	24.993	3	9
9	24.99	0	0
10	24.988	−2	4
11	24.989	−1	1
12	24.986	−4	16
13	24.987	−3	9
14	24.997	7	49
15	24.988	−2	4
计算结果 $\overline{L} = 24.99$		$\sum\limits_{i=1}^{N} v_i = 0$	$\sum\limits_{i=1}^{N} v_i^2 = 122$

5. 间接测量的数据处理

（1）函数误差的基本计算公式。

间接测量中，被测量通常是直接测量值（实测量）的多元函数，它表示为

$$y = F(x_1, x_2, \cdots, x_i, \cdots, x_n)$$

式中　y——间接测量的量值；

　　$x_1, x_2, \cdots, x_i, \cdots, x_n$——各直接测量值。

由于直接测量的测得值误差也按一定的函数关系传递到被测量的测量结果中，所以间接测量误差则是各个直接测得值误差的函数，这种误差为函数误差。

$$y + \Delta y = F(x_1 + \Delta x_1, x_2 + \Delta x_2, \cdots, x_n + \Delta x_n)$$

该函数的增量可用函数的全微分来表示，即

$$\delta_y = \sum_{i=1}^{m} \frac{\partial F}{\partial X_i} \delta_{X_i} \tag{11.21}$$

式中　δ_y——被测量的测量误差；

　　δ_{X_i}——各个实测量的测量误差；

　　$\dfrac{\partial F}{\partial X_i}$——各个实测量的测量误差的传递系数。

（2）函数系统误差的计算。

如果各个实测量 x_i 的测得值中存在着系统误差 Δx_i，那么被测量 y 也存在着系统误差 Δy。以 Δx_i 代替式（11.21）中的 δ_{X_i}，则可近似得到函数系统误差的计算式：

$$\Delta y = \sum_{i=1}^{m} \frac{\partial F}{\partial X_i} \Delta x_i \tag{11.22}$$

（3）函数随机误差的计算。

由于各个实测量 x_i 的测量值中存在着随机误差，因此被测量 y 也存在着随机误差。根据误差理论，函数的标准偏差 σ_y 与各个实测量的标准偏差 σ_{xi} 的关系为

$$\sigma_y = \sqrt{\sum_{i=1}^{m}\left(\frac{\partial F}{\partial x_i}\right)^2 \sigma_{x_i}^2} \qquad (11.23)$$

如果各个实测几何量的随机误差均服从正态分布，则由式（11.23）可推导出函数的测量极限误差的计算公式：

$$\delta_{\lim(y)} = \pm\sqrt{\sum_{i=1}^{m}\left(\frac{\partial F}{\partial x_i}\right)^2 \delta_{\lim(x_i)}^2} \qquad (11.24)$$

式中　　$\delta_{\lim(y)}$——被测几何量的测量极限误差；

$\delta_{\lim(x_i)}$——各个实测量的测量极限误差。

（4）测量结果的计算。

$$y' = (y - \Delta y) \pm \delta_{\lim(y)} \qquad (11.25)$$

【例 11.2】如图 11.6 所示，通过直接测量尺寸 H 和 S 来间接测出圆柱体直径 D。设测量的尺寸 H=10 mm，$\Delta H = 0.01$ mm，$\delta_{\lim(H)}$=±3.5 μm，S=40 mm，$\Delta S = 0.02$ mm，$\delta_{\lim(s)}$=±4 μm，求直径 D 的测量结果。

解：（1）由式（11.4），代入数据，计算直径 D

$$D = \frac{S^2}{4H} + H = 50 \text{（mm）}$$

（2）按式（11.22），代入数据，得系统误差 ΔD

$$\Delta D = \frac{\partial F}{\partial S}\Delta S + \frac{\partial F}{\partial H}\Delta H = \frac{S}{2H}\Delta S + \left(1 - \frac{S^2}{4H^2}\right)\Delta H = 0.01 \text{（mm）}$$

（3）按式（11.24）计算直径 D 的测量极限误差 $\delta_{\lim(D)}$：

$$\delta_{\lim(D)} = \pm\sqrt{\left(\frac{\partial F}{\partial S}\right)^2 \delta_{\lim(S)}^2 + \left(\frac{\partial F}{\partial H}\right)^2 \delta_{\lim(H)}^2} = \pm\sqrt{\left(\frac{S}{2H}\right)^2 \delta_{\lim(S)}^2 + \left(1 - \frac{S^2}{4H^2}\right)\delta_{\lim(H)}^2}$$

$$= \pm 0.013 \text{（mm）}$$

（4）按式（11.25）确定测量结果 D'。

$$D' = (D - \Delta D) \pm \delta_{\lim(D)} = (49.99 \pm 0.013) \text{ mm}$$

根据测量与计算结果可判断该圆柱体直径是否合格。

第 12 章　光滑工件尺寸的检测

【学习目标】

（1）掌握工件验收原则、尺寸验收极限等概念。
（2）了解测量器具的选择方法。
（3）掌握光滑极限量规的作用和分类。
（4）掌握光滑极限量规的设计方法。
（5）了解《光滑工件尺寸的检验》和《光滑极限量规》两个标准的内容。

12.1　光滑工件尺寸的检验

加工完后零件的实际尺寸位于最大和最小极限尺寸之间，包括实际尺寸正好等于最大或最小极限尺寸，都认为是合格的工件。但由于测量误差的存在，实际尺寸并非工件尺寸的真值，特别是实际尺寸在极限尺寸附近时，加上形状误差的影响极易造成错误判断。为了保证测量精度，国家标准《光滑工件尺寸的检验》对如何处理测量结果以及如何正确地选择测量器具都做了相应的规定。本节主要讨论验收极限、验收原则和安全裕度的确定问题。

12.1.1　验收极限

把不合格工件判为合格品为"误收"；而把合格工件判为废品为"误废"。因此，如果只根据测量结果是否超出图样给定的极限尺寸来判断其合格性，有可能会造成误收或误废。为防止受测量误差的影响而使工件的实际尺寸超出两个极限尺寸范围，必须规定验收极限。

验收极限是检验工件尺寸时判断其合格与否的尺寸界限。国家标准中规定了两种验收极限：

1. 内缩方案

如图 12.1 所示，验收极限是从工件规定的最大实体尺寸（MMS）和最小实体尺寸（LMS）分别向工件公差带内移动一个安全裕度（A）来确定。

按内缩方案验收工件，并合理地选择内缩的安全裕度（A），将会没有或很少有误收，并能将误废量控制在所要求的范围内。A 值根据工件公差大小来确定，约为工件公差的 1/10。国家标准 GB/T 3177—2009 对 A 值有明确的规定，见表 12.1。

表 12.1 安全裕度（A）与计量器具的测量不确定度允许值（μ₁）

μm

公差等级		6					7					8					9					10					11				
公称尺寸/mm		T	A	μ_1 I	μ_1 II	μ_1 III	T	A	μ_1 I	μ_1 II	μ_1 III	T	A	μ_1 I	μ_1 II	μ_1 III	T	A	μ_1 I	μ_1 II	μ_1 III	T	A	μ_1 I	μ_1 II	μ_1 III	T	A	μ_1 I	μ_1 II	μ_1 III
大于	至																														
—	3.0	6.0	0.6	0.54	0.9	1.4	10.0	1.0	0.9	1.5	2.3	14.0	1.4	1.3	2.1	3.2	25.0	2.5	2.3	3.8	5.6	40.0	4.0	3.6	6.0	9.0	60.0	6.0	5.4	9.0	14.0
3.0	6.0	8.0	0.8	0.72	1.2	1.8	12.0	1.2	1.1	1.8	2.7	18.0	1.8	1.6	2.7	4.1	30.0	3.0	2.7	4.5	6.8	48.0	4.8	4.3	7.2	11.0	75.0	7.5	6.8	11.0	17.0
6.0	10.0	9.0	0.9	0.81	1.4	2.0	15.0	1.5	1.4	2.3	3.4	22.0	2.2	2.0	3.3	5.0	36.0	3.6	3.3	5.4	8.1	58.0	5.8	5.2	8.7	13.0	90.0	9.0	8.1	14.0	20.0
10.0	18.0	11.0	1.1	1.0	1.7	2.5	18.0	1.8	1.7	2.7	4.1	27.0	2.7	2.4	4.1	6.1	43.0	4.3	3.9	6.5	9.7	70.0	7.0	6.3	11.0	16.0	110.0	11.0	10.0	17.0	25.0
18.0	30.0	13.0	1.3	1.2	2.0	2.9	21.0	2.1	1.9	3.2	4.7	33.0	3.3	3.0	5.0	7.4	52.0	5.2	4.7	7.8	12.0	84.0	8.4	7.6	13.0	19.0	130.0	13.0	12.0	20.0	29.0
30.0	50.0	16.0	1.6	1.4	2.4	3.6	25.0	2.5	2.3	3.8	5.6	39.0	3.9	3.5	5.9	8.8	62.0	6.2	5.6	9.3	14.0	100.0	10.0	9.0	15.0	23.0	160.0	16.0	14.0	24.0	36.0
50.0	80.0	19.0	1.9	1.7	2.9	4.3	30.0	3.0	2.7	4.5	6.8	46.0	4.6	4.1	6.9	10.0	74.0	7.4	6.7	11.0	17.0	120.0	12.0	11.0	18.0	27.0	190.0	19.0	17.0	29.0	43.0
80.0	120.0	22.0	2.2	2.0	3.3	5.0	35.0	3.5	3.2	5.3	7.9	54.0	5.4	4.9	8.1	12.0	87.0	8.7	7.8	13.0	20.0	140.0	14.0	13.0	21.0	32.0	220.0	22.0	20.0	33.0	50.0
120.0	180.0	25.0	2.5	2.3	3.8	5.6	40.0	4.0	3.6	6.0	9.0	63.0	6.3	5.0	9.5	14.0	100.0	10.0	9.0	15.0	23.0	160.0	16.0	15.0	24.0	36.0	250.0	25.0	23.0	38.0	56.0
180.0	250.0	29.0	2.9	2.6	4.4	6.5	46.0	4.6	4.1	6.9	10.0	72.0	7.2	6.5	11.0	16.0	115.0	12.0	10.0	17.0	26.0	185.0	18.0	17.0	28.0	42.0	290.0	29.0	26.0	44.0	65.0
250.0	315.0	32.0	3.2	2.9	4.8	7.2	52.0	5.2	4.7	7.8	12.0	81.0	8.1	7.3	12.0	18.0	130.0	13.0	12.0	19.0	29.0	210.0	21.0	19.0	32.0	47.0	320.0	32.0	29.0	48.0	72.0
315.0	400.0	36.0	3.6	3.2	5.4	8.1	57.0	5.7	5.1	8.4	13.0	89.0	8.9	8.0	13.0	20.0	140.0	14.0	13.0	21.0	32.0	230.0	23.0	21.0	35.0	52.0	360.0	36.0	32.0	54.0	81.0
400.0	500.0	40.0	4.0	3.6	6.0	9.0	63.0	6.3	5.7	9.5	14.0	97.0	9.7	8.7	15.0	22.0	155.0	16.0	14.0	23.0	35.0	250.0	25.0	23.0	38.0	56.0	400.0	40.0	36.0	60.0	90.0

续表

公差等级	公称尺寸/mm		12				13				14				15				16				17				18			
			T	A	μ1 I	μ1 II	T	A	μ1 I	μ1 II	T	A	μ1 I	μ1 II	T	A	μ1 I	μ1 II	T	A	μ1 I	μ1 II	T	A	μ1 I	μ1 II	T	A	μ1 I	μ1 II
	大于	至																												
	—	3	100	10	9	15	140	14	13	21	250	25	23	38	400	40	36	60	600	60	54	90	1 000	100	90	150	1 400	140	135	210
	3	6	120	12	11	18	180	18	16	27	300	30	27	45	480	40	43	72	750	75	68	110	1 200	120	110	180	1 800	180	160	270
	6	10	150	15	14	23	220	22	20	33	360	36	32	54	580	58	52	87	900	90	81	140	1 500	150	140	230	2 200	220	200	330
	10	18	180	18	16	27	270	27	24	41	430	43	39	65	700	70	63	110	1 100	110	100	170	1 800	180	160	270	2 700	270	240	400
	18	30	210	21	19	32	330	33	30	50	520	52	47	78	840	84	76	130	1 300	130	120	200	2 100	210	190	320	3 300	330	300	490
	30	50	250	25	23	38	390	39	35	59	620	62	56	93	1 000	100	90	150	1 600	160	140	240	2 500	250	220	380	3 900	390	350	580
	50	80	300	30	27	45	460	46	41	69	740	74	67	110	1 200	120	110	180	1 900	190	170	290	3 000	300	270	450	4 600	460	410	690
	80	120	350	35	32	53	540	54	49	81	870	87	78	130	1 400	140	130	210	2 200	220	200	330	3 500	350	320	530	5 400	540	480	810
	120	180	400	40	36	60	630	63	57	95	1 000	100	90	150	1 600	160	150	240	2 500	250	230	380	4 000	400	360	600	6 300	630	570	940
	180	250	460	46	41	69	720	72	65	110	1 150	115	100	170	1 850	185	170	280	2 900	290	260	440	4 600	460	410	690	7 200	720	650	1080
	250	315	520	52	47	78	810	81	73	120	1 300	130	120	190	2 100	210	190	320	3 200	320	290	480	5 200	520	470	780	8 100	810	730	1210
	315	400	570	57	51	86	890	89	80	130	1 400	140	130	210	2 300	230	210	350	3 600	360	320	540	5 700	570	510	860	8 900	890	800	1330
	400	500	630	63	57	95	970	97	87	150	1 500	150	140	230	2 500	250	230	380	4 000	400	360	600	6 300	630	570	950	9 700	970	870	1450

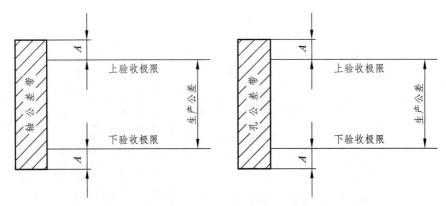

图 12.1　验收极限示意图

孔尺寸的验收极限：

上验收极限=最小实体尺寸（LMS）-安全裕度（A）

下验收极限=最大实体尺寸（MMS）+安全裕度（A）

轴尺寸的验收极限：

上验收极限=最大实体尺寸（MMS）-安全裕度（A）

下验收极限=最小实体尺寸（LMS）+安全裕度（A）

2. 不内缩方案

验收极限等于规定的最大实体尺寸（MMS）和最小实体尺寸（LMS），即安全裕度 $A=0$。此方案使误收和误废都有可能发生。

孔的验收极限：

上验收极限=最小实体尺寸（LMS）

下验收极限=最大实体尺寸（MMS）

轴尺寸的验收极限：

上验收极限=最大实体尺寸（MMS）

下验收极限=最小实体尺寸（LMS）

图样上注出的公称尺寸至 500 mm、公差等级为 IT6～IT18 的有配合要求的光滑工件尺寸时，按内缩方案确定验收极限。对非配合和一般公差的尺寸，按不内缩方案确定验收极限。

《光滑工件尺寸的检验》标准确定的验收原则是所用验收方法应只接收位于规定的极限尺寸之内的工件，位于规定的极限尺寸之外的工件应拒收。为此需要根据被测工件的精度高低和相应的极限尺寸，确定其安全裕度（A）和验收极限。

生产上，要按去掉安全裕度（A）的公差进行加工工件。一般称去掉安全裕度（A）的工件公差为生产公差，它小于工件公差。

安全裕度 A 值的确定，应综合考虑技术和经济两方面因素。A 值较大时，虽可用较低精度的测量器具进行检验，但减少了生产公差，故加工经济性较差；A 值较小时，加工经济性较好，需使用精度高的测量器具，故测量器具成本高，同时提高了生产成本。

12.1.2 测量器具的选择

选择测量器具时要综合考虑其技术指标和经济指标，以综合效果最佳为原则。具体选用时，可按国家标准《光滑工件尺寸的检验》（GB/T 3177—2009）中规定的方法进行。对于国家标准没作规定的工件测量器具的选用，可按所选的测量器具的极限误差占被测工件尺寸公差的 1/10～1/3 进行，被测工件精度低时取 1/10，工件精度高时取 1/3 甚至 1/2。因为工件精度越高，对测量器具的精度要求也越高，如果高精度的测量器具制造困难，以增大测量器具极限误差占被测工件公差的比例来满足测量要求。

安全裕度 A 相当于测量中总的不确定度。不确定度用以表征测量过程中各项误差综合影响而使测量结果分散的误差范围，它反映了由于测量误差的存在而被测量不能肯定的程度，以 U 表示。U 是由测量器具的不确定度 μ_1 和温度、压陷效应及工件形状误差等因素引起的测量条件不确定度 μ_2 二者组合成的。

其中，μ_1 是表征测量器具的内在误差引起测量结果分散的一个误差范围，包括调整时用的标准件的不确定度，如千分尺的校对棒和比较仪用的量块等。μ_1 的影响比较大，允许值约为 $0.9A$；μ_2 的影响比较小，允许值约为 $0.45A$。向公差带内缩的安全裕度就是按测量不确定度而定的，即

$$U = \sqrt{\mu_1^2 + \mu_2^2} = \sqrt{(0.9A)^2 + (0.45A)^2} \approx A \qquad (12.1)$$

即 $A=U$。

根据测量器具的不确定度 μ_1 正确的选择测量器具非常重要。测量器具的不确定度 μ_1 是产生"误收"与"误废"的主要原因。在验收极限一定的情况下，测量器具的不确定度 μ_1 越大，则产生"误收"与"误废"的可能性也越大；反之，测量器具的不确定度 μ_1 越小，则产生"误收"与"误废"的可能性也越小。选择测量器具时，应保证所选用的测量器具的不确定度等于或小于按工件公差确定的允许值 μ_1。表 12.2 和表 12.3 列出了有关测量器具的不确定度。

目前，卡尺、千分尺是一般工厂在生产车间使用非常普通的测量器具，然而，这两种量具精确度低，只适用于测 IT9 与 IT10 工件公差。为了提高卡尺、千分尺的测量精度，扩大其使用范围，可采用比较法测量。比较测量时，测量器具的不确定度可降为原来的 40%（当使用形状与工件形状相同的标准器时）或 60%（当使用形状与工件形状不相同的标准器时），此时验收极限不变。

表 12.2 千分尺和游标卡尺的不确定度   mm

尺寸范围	计量器具类型			
	分度值 0.01 外径千分尺	分度值 0.01 内径千分尺	分度值 0.02 游标卡尺	分度值 0.05 游标卡尺
	不 确 定 度			
0~50	0.004			
50~100	0.005	0.008		0.020
100~150	0.006		0.020	
150~200	0.007			
200~250	0.008	0.013		0.100
250~300	0.009			

续表

尺寸范围	计量器具类型			
	分度值0.01 外径千分尺	分度值0.01 内径千分尺	分度值0.02 游标卡尺	分度值0.05 游标卡尺
	不 确 定 度			
300~350	0.010			0.100
350~400	0.011	0.020		0.100
400~450	0.012	0.020	0.020	0.100
450~500	0.013	0.025	0.020	0.100
500~600				0.100
600~700		0.030		0.100
700~800				0.150

表 12.3　比较仪和指示表的不确定度　　　　　　mm

计量器具			尺寸范围								
名称	分度值	放大倍数或量程范围	≤25	>25 ~40	>40 ~65	>65 ~90	>90 ~115	>115 ~165	>165 ~215	>215 ~265	>265 ~315
			不确定度								
比较仪	0.000 5	2 000 倍	0.000 6	0.000 7	0.000 8	0.000 8	0.000 9	0.001 0	0.001 2	0.001 4	0.001 6
	0.001	1 000 倍	0.001 0	0.001 0	0.001 1	0.001 1	0.001 2	0.001 3	0.001 4	0.001 6	0.001 7
	0.002	400 倍	0.001 7	0.001 8	0.001 8	0.001 9	0.001 9	0.001 9	0.002 0	0.002 1	0.002 2
	0.005	250 倍	0.003 0	0.003 0	0.003 0	0.003 0	0.003 0	0.003 5	0.003 5	0.003 5	0.003 5
千分表	0.001	0 级全程内	0.005	0.005	0.005	0.005	0.005	0.006	0.006	0.006	0.006
		1 级 0.2 mm 内									
	0.002	1 转内									
	0.001	1 级全程内	0.010	0.010	0.010	0.010	0.010	0.010	0.010	0.010	0.010
	0.002										
	0.005										
百分表	0.010	0 级任意 1 mm 内	0.018	0.018	0.018	0.018	0.018	0.018	0.018	0.018	0.018
	0.010	0 级全程内 1 级任意 1 mm 内	0.018	0.018	0.018	0.018	0.018	0.018	0.018	0.018	0.018
	0.010	1 级全程内	0.030	0.030	0.030	0.030	0.030	0.030	0.030	0.030	0.030

【例 12.1】 试确定用普通计量器具检验 $\phi140H9^{+0.10}_{0}$ 的验收极限，并选择计量器具。

解：（1）确定验收极限。

根据工件的公称尺寸>120 ~ 180，公差等级 IT9，查表 12.1，确定尺寸公差 $T=100\ \mu m$，安全裕度 $A=10\ \mu m$

计算验收极限：

上验收极限=最小实体尺寸 LMS-A=140.1-0.01=140.09（mm）

下验收极限=最大实体尺寸 MMS+A=140+0.01=140.01（mm）

（2）选择测量器具。

查表 12.1，测量器具的不确定度允许值，按 I 挡选取 μ_1=9 μm。查表 12.2 可知，分度值为 0.01 的内径千分尺的不确定度为 0.008 mm=8 μm，小于允许值 9 μm，因可以满足要求。

工件的尺寸公差带图及其验收极限如图 12.2 所示。

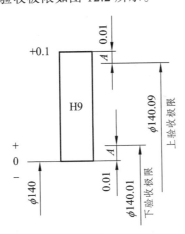

图 12.2 工件公差带及验收极限

12.2 光滑极限量规的设计

光滑圆柱体工件的检验可用通用测量器具也可用光滑极限量规。大批量生产时，通常应用光滑极限量规检验工件。

12.2.1 光滑极限量规作用及分类

1. 光滑极限量规的作用

光滑极限量规是一种没有刻线的专用测量器具。它不能测得工件实际尺寸的大小，只能确定被测工件的尺寸是否在它的极限尺寸范围内，从而对工件做出合格性判断。

光滑极限量规的基本尺寸就是工件的基本尺寸，通常把检验孔径的光滑极限量规叫做塞规，把检验轴径的光滑极限量规称为环规或卡规。

不论塞规还是环规都包括两个量规：一个是按被测工件的最大实体尺寸制造的，称为通规，也叫通端；另一个是按被测工件的最小实体尺寸制造的，称为止规，也叫止端。

检验时，塞规或环规都必须把通规和止规联合使用。例如使用塞规检验工件孔时，如果塞规的通规通过被检验孔，说明被测孔径大于孔的最小极限尺寸；塞规的止规塞不进被检验孔，说明被测孔径小于孔的最大极限尺寸。因此，如果被测孔径大于最小极限尺寸且小于最大极限尺寸，即孔的作用尺寸和实际尺寸在规定的极限范围内，则判断被测孔是合格的。如图 12.3 所示。

同理，用卡规的通规和止规检验工件轴径时，通规通过轴，止规通不过轴，说明被测轴径的作用尺寸和实际尺寸在规定的极限范围内，因此被测轴径是合格的。如图 12.4 所示。

由此可知，不论塞规还是卡规，如果通规通不过被测工件，或者止规通过了被测工件，即可确定被测工件是不合格的。

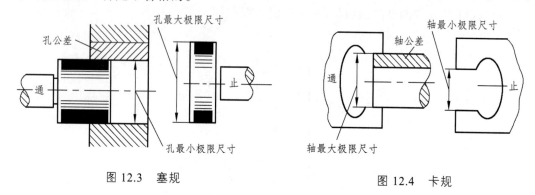

图 12.3　塞规　　　　　　　　　　图 12.4　卡规

2. 光滑极限量规的分类

根据量规不同用途，分为工作量规、验收量规和校对量规 3 类：

（1）工作量规。

工人在加工时用来检验工件的量规被称为工作量规。一般用的通规是新制的或磨损较少的量规。工作量规的通规用代号"T"来表示，止规用代号"Z"来表示。

（2）验收量规。

检验部门或用户代表验收工件时用的量规被称为验收量规。一般检验人员用的通规为磨损较大但未超过磨损极限的旧工作量规；用户代表用的是接近磨损极限尺寸的通规，这样由生产工人自检合格的产品，检验部门验收时也一定合格。

（3）校对量规。

用以检验轴用工作量规的量规被称为校对量规。它是检查轴用工作量规在制造时是否符合制造公差，在使用中是否已达到磨损极限所用的量规。校对量规可分为 3 种：

① "校通-通"量规（代号为 TT）检验轴用量规通规的校对量规。

② "校止-通"量规（代号为 ZT）检验轴用量规止规的校对量规。

③ "校通-损"量规（代号为 TS）检验轴用量规通规磨损极限的校对量规。

12.2.2　光滑极限量规的设计原理

加工完的工件，其实际尺寸虽经检验合格，但由于形状误差的存在，可能出现不能装配、装配困难或即使偶然能装配，也达不到配合要求的情况。因此，用量规检验时，为了正确地评定被测工件是否合格，是否能装配，对于遵守包容原则的孔和轴，应按极限尺寸判断原则（即泰勒原则）验收。

泰勒原则是指工件的作用尺寸不超过最大实体尺寸，即孔的作用尺寸应大于或等于其最小极限尺寸；轴的作用尺寸应小于或等于其最大极限尺寸；工件任何位置的实际尺寸应不超过其最小实体尺寸，即孔任何位置的实际尺寸应小于或等于其最大极限尺寸；轴任何位置的实际尺寸应大于或等于其最小极限尺寸。

作用尺寸由最大实体尺寸限制，把形状误差限制在尺寸公差之内；另外，工件的实际尺寸由最小实体尺寸限制，以保证工件合格及具有互换性，并能自由装配。亦即符合泰勒原则验收的工件是能保证使用要求的。

符合泰勒原则的光滑极限量规应达到如下要求：

通规用来控制工件的作用尺寸，它的测量面应具有与孔或轴相对应的完整表面，称为全形量规，其尺寸等于工件的最大实体尺寸，且其长度应等于被测工件的配合长度。

止规用来控制工件的实际尺寸，它的测量面应为两点状的，称为不全形量规，两点间的尺寸应等于工件的最小实体尺寸。

若光滑极限量规的设计不符合泰勒原则，则对工件的检验可能造成错误判断。以图 12.5 为例，分析量规形状对检验结果的影响如下：

被测工件孔为椭圆形，实际轮廓从 X 方向和 Y 方向都已超出公差带，已属废品。但若用两点状通规检验，可能从 Y 方向通过，若不做多次不同方向检验，则可能发现不了孔已从 X 方向超出公差带。同理，若用全形止规检验，则根本通不过孔，发现不了孔已从 Y 方向超出公差带。因此，由于量规形状不正确，实际应用中的量规因制造和使用方面的原因，常常偏离泰勒原则。例如，为了用已标准化的量规，允许通规的长度小于工件的配合长度；对大尺寸的孔、轴用全形通规检验，既笨重又不便于使用，允许用不全形通规；对曲轴轴径由于无法使用全形的环规通过，允许用卡规代替。

对止规也不一定全是两点式接触，由于点接触容易磨损，一般常以小平面、圆柱面或球面代替点；检验小孔的止规，常用便于制造的全形塞规；同样，对刚性差的薄壁件，由于考虑受力变形，常用完全形的止规。

光滑极限量规的国家标准规定，使用偏离泰勒原则的量规时，应保证被检验的孔、轴的形状误差（尤其是轴线的直线度、圆度）不影响配合性质。

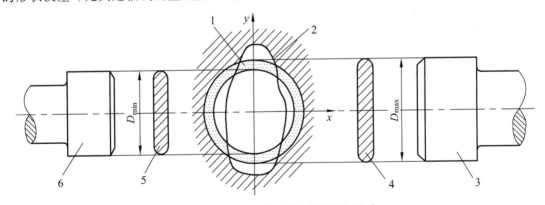

图 12.5　塞规形状对检验结果的影响

1—实际孔；2—孔公差带；3—全形止规；4—两点状止规；
5—两点状通规；6—全形通规

12.2.3　光滑极限量规的公差

作为量具的光滑极限量规，本身亦相当于一个精密工件，制造时和普通工件一样，不可避免地会产生加工误差，同样需要规定制造公差。量规制造公差的大小不仅影响量规的制造难易程度，还会影响被测工件加工的难易程度以及对被测工件的误判。为确保产品质量，国家标准 GB/T 1957—2006 规定量规公差带不得超越工件公差带。

通规由于经常通过被测工件会有较大的磨损，为了延长使用寿命，除规定了制造公差外还规定了磨损公差。磨损公差的大小，决定了量规的使用寿命。

止规不经常通过被测工件，故磨损较少，所以不规定磨损公差，只规定制造公差。

图 12.6 所示为光滑极限量规国家标准规定的量规公差带。工作量规"通规"的制造公差带对称于 Z 值且在工件的公差带之内，其磨损极限与工件的最大实体尺寸重合。

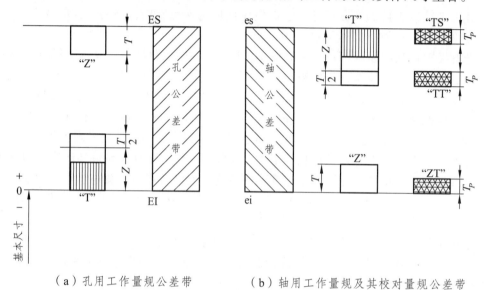

（a）孔用工作量规公差带　　　　　（b）轴用工作量规及其校对量规公差带

图 12.6　量规公差带图

工作量规"止规"的制造公差带从工件的最小实体尺寸起，向工件的公差带内分布。校对量规公差带的分布如下：

（1）"校通-通"量规（TT），它的作用是防止通规尺寸过小。检验时应通过被校对的轴用通规。其公差带从通规的下偏差开始，向轴用通规的公差带内分布。

（2）"校止-通"量规（ZT），它的作用是防止止规尺寸过小。检验时应通过被校对的轴用止规。其公差带从止规的下偏差开始，向轴用止规的公差带内分布。

（3）"校通-损"量规（TS），它的作用是防止通规超出磨损极限尺寸。检验时，若通过了，则说明所校对的量规已超过磨损极限，应予报废。其公差带是从通规的磨损极限开始，向轴用通规的公差带内分布。

国家标准规定检验各级工件用的工作量规的制造公差"T"和通规公差带的位置要素"Z"值，如表 12.4 所示。

国家标准规定的工作量规的形状和位置误差，应在工作量规的尺寸公差范围内。工作量规的几何公差为量规制造公差的 50%。当量规的制造公差小于或等于 0.002 mm 时，其几何公差为 0.001 mm。

标准还规定校对量规的制造公差 T_p 为被校对的轴用工作量规的制造公差 T 的 50%，其几何公差应在校对量规的制造公差范围内。

表 12.4　IT6~IT13 级工作量规制造公差"*T*"和通规公差带位置要素"*Z*"值

工件公称尺寸/mm		工件孔或轴的公差等级										
		IT6			IT7			IT8			IT9		
		IT6	*T*	*Z*	IT7	*T*	*Z*	IT8	*T*	*Z*	IT9	*T*	*Z*
大于	至	μm											
10	18	11	1.6	2.0	18	2.0	2.8	27	2.8	4.0	43	3.4	6.0
18	30	13	2.0	2.4	21	2.4	3.4	33	3.4	5.0	52	4.0	7.0
30	50	16	2.4	2.8	25	3.0	4.0	39	4.0	6.0	62	5.0	8.0
50	80	19	2.8	3.4	30	3.6	4.6	46	4.6	7.0	74	6.0	9.0
80	120	22	3.2	3.8	35	4.2	5.4	54	5.4	8.0	87	7.0	10
120	180	25	3.8	4.4	40	4.8	6.0	63	6.0	10.0	100	8.0	12
180	250	29	4.4	5.0	46	5.4	7.0	72	7.0	10.0	115	9.0	14
250	315	32	4.8	5.6	52	6.0	8.0	81	8.0	11.0	130	10.0	16
315	400	36	5.4	6.2	57	7.0	9.0	89	9.0	12.0	140	11.0	18
400	500	40	6.0	7.0	63	8.0	10.0	97	10.0	14.0	155	12.0	20

工件公称尺寸/mm		工件孔或轴的公差等级										
		IT10			IT11			IT12			IT13		
		IT10	*T*	*Z*	IT11	*T*	*Z*	*IT12*	*T*	*Z*	IT13	*T*	*Z*
大于	至	μm											
10	18	70	4.0	8	110	6	11	180	7	15	270	10	24
18	30	84	5.0	9	130	7	13	210	8	18	330	12	28
30	50	100	6.0	11	160	8	16	250	10	22	390	14	34
50	80	120	7.0	13	190	9	19	300	12	26	460	16	40
80	120	140	8.0	15	220	10	22	350	14	30	540	20	46
120	180	160	9.0	18	250	12	25	400	16	35	630	22	52
180	250	185	10	20	290	14	29	460	18	40	720	26	60
250	315	210	12	22	320	16	32	520	20	45	810	28	66
315	400	230	14	25	360	18	36	570	22	50	890	32	74
400	500	250	16	28	400	20	40	630	24	55	970	36	80

注：摘自 GB 1957—2006。

　　根据上述可知，工作量规的公差带完全位于工件极限尺寸范围内，校对量规的公差带完全位于被校对量规的公差带内。从而保证了工件符合"公差与配合"国家标准的要求，但是相应地缩小了工件的制造公差，给生产加工带来了困难，并且还容易把一些合格品误判为废品。

12.2.4　光滑极限量规的设计步骤

1. 量规形式的选择

检验圆柱形工件的光滑极限量规的形式很多。合理地选择与使用，对正确判断检验结果影响很大。如图 12.7 所示，按照国家标准推荐，检验孔时，可用下列几种形式的量规：全形塞规、不全形塞规、片状塞规、球端杆规。检验轴时，可用下列形式的量规：环规和卡规。

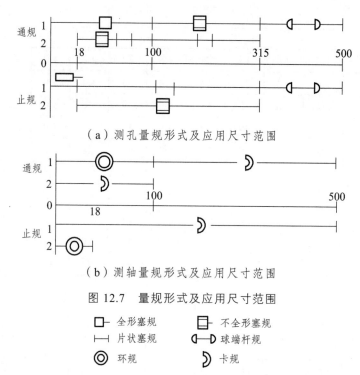

（a）测孔量规形式及应用尺寸范围

（b）测轴量规形式及应用尺寸范围

图 12.7　量规形式及应用尺寸范围

□	全形塞规	⊟	不全形塞规
⊢	片状塞规	◖	球端杆规
◎	环规	◗	卡规

上述各种形式的量规及应用尺寸范围，可供设计时参考。具体结构形式参看国家标准等相关资料。

2. 量规极限尺寸的计算

光滑极限量规的尺寸及偏差计算步骤：

（1）查出被测孔和轴的极限偏差。

（2）由表 12.4 查出工作量规的制造公差 T 和位置要素 Z 值。

（3）确定工作量规的形状公差。

（4）确定校对量规的制造公差。

（5）计算在图样上标注的各种尺寸和偏差。

【例 12.2】设计检验 $\phi25H8/f7$ 孔和轴用的工作量规。

解：（1）查有关国家标准，查出孔、轴的上下偏差。

$\phi25H8$ 孔：EI=0，ES=+0.033 mm

$\phi25f7$ 轴：ei=−0.041 mm，es=−0.020 mm

（2）由表 12.4 查出工作量规的制造公差 T 和位置要素 Z。

塞规：T=0.003 4 mm，Z=0.005 mm

卡规：T=0.002 4 mm，Z=0.003 4 mm

（3）确定工作量规的形状公差。

　　　塞规：形状公差 $T/2=0.001\,7$ mm

　　　卡规：形状公差 $T/2=0.001\,2$ mm

（4）确定校对量规的制造公差。

　　　$T_p=T/2=0.001\,2$ mm

（5）计算在图样上标注的各种尺寸和偏差，见表 12.5，量规公差带图如图 12.8 所示，量规工作尺寸的标注如图 12.9 所示，表面粗糙度查表 12.7。

表 12.5　工作量规极限偏差的计算　　　　　　　　　　　　　　　mm

种类		$\phi25H8$ 用塞规	$\phi25f7$ 用卡规
通规	上极限偏差	$EI+Z+T/2=0+0.005+0.001\,7=+0.006\,7$	$es-Z+T/2=-0.02-0.003\,4+0.001\,2=-0.022\,2$
	下极限偏差	$EI+Z-T/2=0+0.005-0.001\,7=+0.003\,3$	$es-Z-T/2=-0.02-0.003\,4-0.001\,2=-0.024\,6$
	磨损极限	$EI=0$	$es=-0.020$
止规	上极限偏差	$ES=+0.033$	$ei+T=-0.041+0.002\,4=-0.038\,6$
	下极限偏差	$ES-T=0.033-0.003\,4=+0.029\,6$	$ei=-0.041$

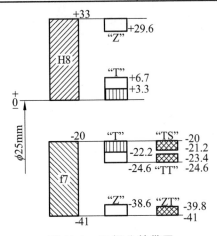

图 12.8　量规公差带图

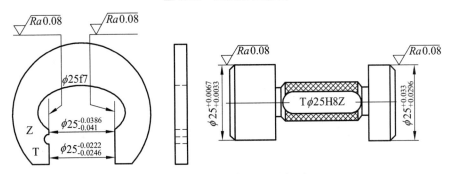

图 12.9　量规工作尺寸的标注

（6）$\phi25f7$ 轴用卡规的校对量规极限偏差计算如表 12.6 所示。

表 12.6 校对量规极限偏差的计算 mm

校通—通	上极限偏差	es-Z-T/2+T_p=-0.02-0.003 4-0.001 2+0.001 2=-0.023 4	尺寸标注	$\phi25^{-0.0234}_{-0.0246}$
	下极限偏差	es-Z-T/2=-0.02-0.0034-0.001 2=-0.024 6		
校止—通	上极限偏差	ei+T_p=-0.041+0.001 2=-0.039 8		$\phi25^{-0.0398}_{-0.0410}$
	下极限偏差	ei=-0.041		
校通—损	上极限偏差	es=-0.020		$\phi25^{-0.0200}_{-0.0212}$
	下极限偏差	es-T_p=-0.020-0.001 2=-0.021 2		

3. 量规的技术要求

量规测量面的材料，可用渗碳钢、碳素工具钢、合金工具钢和硬质合金等材料制造，也可在测量面上镀铬或氮化处理。

量规测量面的硬度，直接影响量规的使用寿命。用上述几种钢材经淬火后的硬度一般为 HRC58 ~ 65。

量规测量面的表面粗糙度参数值，取决于被检验工件的基本尺寸、公差等级和表面粗糙度参数值及量规的制造工艺水平。一般不低于光滑极限量规国家标准推荐的表面粗糙度参数值，见表 12.7。

表 12.7 量规测量面粗糙度参数值

工作量规	工作量规的公称尺寸/mm		
	≤120	>120 ~ 315	>315 ~ 500
	工作量规测量面的表面粗糙度 Ra 值/μm		
IT6 级孔用工作塞规	0.05	0.10	0.20
IT7 级 ~ IT9 级孔用工作塞规	0.10	0.20	0.40
IT10 级 ~ IT12 级孔用工作塞规	0.20	0.40	0.80
IT13 级 ~ IT16 级孔用工作塞规	0.40	0.80	
IT6 级 ~ IT9 级轴用工作环规	0.10	0.20	0.40
IT10 级 ~ IT12 级轴用工作环规	0.20	0.40	0.80
IT13 级 ~ IT16 级轴用工作环规	0.40	0.80	

注：校对量规测量面的表面粗糙度数值比被校对的轴用量规测量面的粗糙度数值略高一级。

练习题

第1章 绪 论

一、判断题

1. 有了公差标准，就能保证零件的互换性。 （   ）

2. 完全互换的装配效率必定高于不完全互换。 （   ）

3. 为了使零件具有完全互换性，必须使零件的几何尺寸完全一致。 （   ）

4. 只要提高设计和加工的精度，便能提高产品质量。 （   ）

5. 为使零件的几何参数具有互换性，必须将其加工误差控制在给定的公差范围内。

（   ）

6. 优先数的主要优点是相邻两项的相对差均匀，疏密适中，而且运算方便，简单易记。

（   ）

二、选择题

1. 保证互换性生产的基础是（   ）。

A. 标准化   B. 生产现代化   C. 大批量生产   D. 协作化生产

2. 下列论述中不正确的是（   ）。

A. 因为有了大批量生产，所以才有零件互换性，因为有互换性生产才制定公差制

B. 在装配时，只要不需经过挑选就能装配，就称为有互换性

C. 一个零件经过调整后再进行装配，检验合格，也称为具有互换性的生产

D. 不完全互换不会降低使用性能，且经济效益较好

三、填空题

1. 按决定互换性的参数分类，互换性可分为_____和_____。

2. 根据零部件互换程度的不同，互换性可分_____互换和_____互换。

3. 互换性是指产品零部件在装配时要求：装配前_____，装配中_____，装配后_____。

4. 优先数系的基本系列有：_____、_____、_____、_____，各系列的公比分别为_____、_____、_____、_____。

5. 误差大体可分为_____、_____、_____和_____。

6. 允许零件几何参数的变动范围称为_____，其类型有_____、_____、_____和_____。

第2章 圆柱体结合的极限与配合

一、判断题

1. 基本偏差决定公差带的位置，标准公差决定公差带的大小。 （   ）

2. 孔的基本偏差即下偏差，轴的基本偏差即上偏差。 （   ）

3. 配合公差的大小,等于相配合的孔轴公差之和。 （　　　　）

4. 最小间隙为零的配合与最小过盈等于零的配合,二者实质相同。 （　　　　）

二、选择题

1. $\phi 30g6$ 与 $\phi 30g7$ 两者的区别在于（　　　　）。

    A. 基本偏差不同   B. 下偏差相同,而上偏差不同

    C. 公差值相同   D. 上偏差相同,而下偏差不同

2. 当相配合孔、轴既要求对准中心,又要求装拆方便时,应选用（　　　　）。

    A. 间隙配合   B. 过盈配合

    C. 过渡配合   D. 间隙配合或过渡配合

3. 相互结合的孔和轴的精度决定了（　　　　）。

    A. 配合精度的高低   B. 配合的松紧程度

    C. 配合的性质   D. 配合的难易

4. 公差带相对于零线的位置反映了配合的（　　　　）

    A. 精确程度   B. 松紧程度

    C. 松紧变化的程度   D. 难易程度

三、填空题

1. 配合是指＿＿＿＿＿＿相同的,相互结合的＿＿＿＿＿＿和＿＿＿＿＿＿公差带的关系。

2. 配合公差是指＿＿＿＿＿＿或＿＿＿＿＿＿,它表示＿＿＿＿＿＿的高低。

3. 常用尺寸段标准公差的大小,随基本尺寸增大而＿＿＿＿＿＿＿,随公差等级提高而＿＿＿＿＿＿。

4. 尺寸公差带具有＿＿＿＿＿＿和＿＿＿＿＿＿两个特性。尺寸公差带的大小由＿＿＿＿＿＿决定;尺寸公差带的位置由＿＿＿＿＿＿决定。

5. 配合公差带具有＿＿＿＿＿＿和＿＿＿＿＿＿两个特性。配合公差带的大小由＿＿＿＿＿＿决定;配合公差带的位置由＿＿＿＿＿＿＿＿＿决定。

6. 配合类型主要有＿＿＿＿＿＿、＿＿＿＿＿＿和＿＿＿＿＿＿。

7. 选择基准制时,应优先选用＿＿＿＿＿＿配合,原因是＿＿＿＿＿＿＿＿＿＿。

8. ＿＿＿＿＿＿或＿＿＿＿＿＿用于过渡配合的精密定位。

9. 一般公差分为＿＿＿＿＿＿、＿＿＿＿＿＿、＿＿＿＿＿＿、＿＿＿＿＿＿4个等级。

10. 用已知数据填写表 13.1,各项数值单位为毫米。

表 13.1　极限偏差与公差（一）

公称尺寸	上极限尺寸	下极限尺寸	上极限偏差	下极限偏差	公差	尺寸标注
孔：$\phi 18$						$\phi 18^{-0.017}_{\ 0}$
孔：$\phi 30$			+0.012		0.021	
轴：$\phi 40$			−0.050	−0.112		
轴：$\phi 85$		$\phi 84.978$			0.022	

11. 用已知数据填写表 13.2,各项数值单位为毫米。

表 13.2　极限偏差与公差（二）

公称尺寸	上极限尺寸	下极限尺寸	上极限偏差	下极限偏差	公差	尺寸标注
孔 ϕ12	12.050	12.032				
轴 ϕ60			+0.072		0.019	
孔 ϕ40						$\phi40^{+0.014}_{-0.011}$
轴 ϕ80			−0.010	−0.056		
孔 ϕ50				−0.034	0.039	
轴 ϕ70	69.970				0.074	

12. 用已知数据填写表 13.3，各项数值单位为毫米。

表 13.3　尺寸公差

公称尺寸	孔			轴			X_{max} 或 Y_{min}	X_{min} 或 Y_{max}	X_{av} 或 Y_{av}	T_f
	ES	EI	T_H	es	ei	T_s				
ϕ25		0				0.021	+0.074		+0.057	
ϕ14		0				0.010		−0.012	+0.0025	
ϕ45			0.025	0				−0.050	−0.0295	

13. 将下列配合填入表 13.4 恰当的位置中。

ϕ60H7/f6；ϕ60G7/h6；ϕ60JS7/h6；ϕ60H8/m7；

ϕ60H8/t7；ϕ60S7/h6；ϕ60D10/js6

表 13.4

制度/配合	间隙配合	过渡配合	过盈配合
基孔制			
基轴制			
非基准制			

14. 将表 13.5 中的基孔制（基轴制）配合转换成配合性质相同的基轴制（基孔制）配合。

表 13.5

基孔制	ϕ60H9/d9	ϕ30H8/f8			ϕ50H7/u6
基轴制			ϕ50K7/h6	ϕ30S7/h6	

四、综合题

1. 有下列三组孔与轴相配合，根据给定的数值，试分别确定它们的公差带代号。

（1）配合的公称尺寸为 25 mm，X_{max}=0.086 mm，X_{min}=0.020 mm；

（2）配合的公称尺寸为 40 mm，Y_{max}=−0.076 mm，Y_{min}=−0.035 mm；

（3）配合的公称尺寸为 60 mm，Y_{max}=−0.032 mm，X_{max}=0.046 mm。

2. 已知两根轴，第一根轴直径为 5 mm，公差值为 5 μm；第二根轴直径为 180 mm，公差值为 25 μm。试比较两根轴加工的难易程度。

3. 已知下列 4 对孔和轴相配合（单位均为毫米），现要求：① 分别画出公差带图；② 分别判别其配合类型；③ 分别计算其极限间隙或极限过盈；④ 分别计算其配合公差；⑤ 分别查出其公差带代号；⑥ 分别判断其基准制。

（1）孔：$\phi 35^{+0.007}_{-0.018}$；轴：$\phi 35^{\ 0}_{-0.016}$

（2）孔：$\phi 55^{+0.030}_{0}$；轴：$\phi 55^{+0.060}_{+0.041}$

（3）孔：$\phi 60^{+0.074}_{0}$；轴：$\phi 60^{-0.030}_{-0.076}$

（4）孔：$\phi 80^{+0.009}_{-0.021}$；轴：$\phi 80^{\ 0}_{-0.019}$

第 3 章　几何公差

一、判断题

1. 当包容要求用于关联要素时，被测要素必须遵守最大实体边界。　　　　　　（　　　　）

2. 跳动公差带不可以综合控制被测要素的位置、方向和形状。　　　　　　（　　　　）

3. 对同一要素既有位置公差又有形状公差要求时，形状公差值应大于位置公差值。

（　　　　）

二、选择题

1. 形位公差带的形状决定于（　　　　）。

　　A. 形位公差特征项目

　　B. 形位公差标注形式

　　C. 被测要素的理想形状

　　D. 被测要素的理想形状、位置公差特征项目和标注形式

2. 标注形位公差要求，当形位公差前面加注 ϕ 时，则被测要素的公差带形状应为（　　　　）。

　　A. 两同心圆　　　　　　　　　　　　　B. 圆形或圆柱形

　　C. 两同轴线圆柱面　　　　　　　　　　D. 圆形、圆柱形或球形

3. 径向全跳动公差带的形状和（　　　　）公差带的形状相同。

　　A. 同轴度　　　　　　　　　　　　　　B. 圆度

　　C. 圆柱度　　　　　　　　　　　　　　D. 位置度

4. 公差原则是指（　　　　）

　　A. 确定公差值大小的原则　　　　　　　B. 制定公差与配合标准的原则

　　C. 形状公差与位置公差的关系　　　　　D. 尺寸公差与形位公差的关系

5. 最大实体要求应用于被测要素时，被测要素的体外作用尺寸不得超出（　　　　）。

　　A. 最大实体尺寸　　　　　　　　　　　B. 最小实体尺寸

　　C. 实际尺寸　　　　　　　　　　　　　D. 最大实体实效尺寸

6. 最大实体尺寸是指（　　　　）。

　　A. 孔和轴的最大极限尺寸

　　B. 孔和轴的最小极限尺寸

　　C. 孔的最小极限尺寸和轴的最大极限尺寸

　　D. 孔的最大极限尺寸和轴的最小极限尺寸

三、填空题

1. 几何公差的研究对象是构成零件几何特征的_____、_____、_____，这些统称为_____。

2. 公差原则是处理_____和_____关系的规定。

3. 独立原则指图样上给定的每一个尺寸和形状、位置要求均是_____的，应分别满足要求。

4. 包容要求表示实际要素应遵守其_____，其局部实际尺寸不得超过_____。

5. 相关要求是尺寸公差与形位公差_____的_____。

6. 位置公差是关联被测要素对基准要素在_____上所允许的_____。

四、综合题

1. 某孔尺寸为 $\phi 40^{+0.119}_{+0.030}$ mm，轴线的直线度公差为 $\phi 0.005$ mm，实测得其局部尺寸为 $\phi 40.09$ mm，轴线的直线度误差为 $\phi 0.003$ mm，求孔的最大实体尺寸、最小实体尺寸、作用尺寸。

2. 某轴尺寸为 $\phi 40^{+0.041}_{+0.030}$ mm，轴线的直线度公差为 $\phi 0.005$ mm，实测其局部尺寸为 $\phi 40.031$ mm，轴线的直线度误差为 $\phi 0.003$ mm，求轴的最大实体尺寸、最小实体尺寸、作用尺寸。

3. 改正图 13.1 中各项几何公差标注上的错误（不得改变原几何公差项目）。

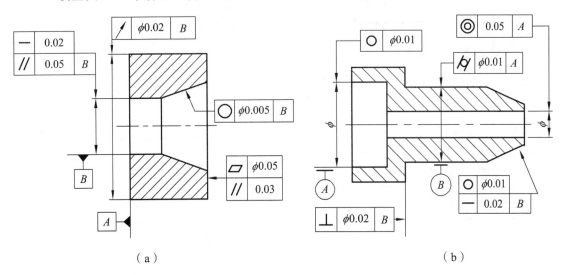

（a）　　　　　　　　　　　　　　　　　　　（b）

图 13.1　第 3 题图

4. 将下列技术要求标注在图 13.2 上。

（1）$\phi 30$H7 内孔表面圆度公差为 0.006 mm。

（2）$\phi 15$H7 内孔表面圆柱度公差为 0.008 mm。

（3）$\phi 30$H7 孔轴线对 $\phi 15$H7 孔轴线同轴度公差为 $\phi 0.05$ mm，且被测要素采用最大实体要求。

（4）$\phi 30$H7 孔底端面对 $\phi 15$H7 孔轴线的端面圆跳动公差为 0.05 mm。

（5）$\phi 35$h6 的形状公差采用包容要求。

（6）圆锥面的圆度公差为 0.01 mm，圆锥面对 $\phi 15$H7 孔轴线的斜向圆跳动公差 0.05 mm。

5. 试将下列各项几何公差要求标注在图 13.3 上。

（1）$\phi 100h8$ 圆柱面对 $\phi 40H7$ 孔轴线的圆跳动公差为 0.018 mm。

（2）$\phi 40H7$ 孔遵守包容原则，圆柱度公差为 0.007 mm。

（3）左、右两凸台端面对 $\phi 40H7$ 孔轴线的圆跳动公差均为 0.012 mm。

（4）轮毂键槽（中心平面）对 $\phi 40H7$ 孔轴线的对称度公差为 0.02 mm。

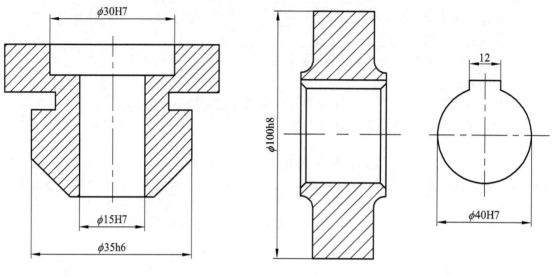

图 13.2　第 4 题图　　　　　　　　　　图 13.3　第 5 题图

6. 根据图 13.4 中的几何公差要求填写表 13.6。

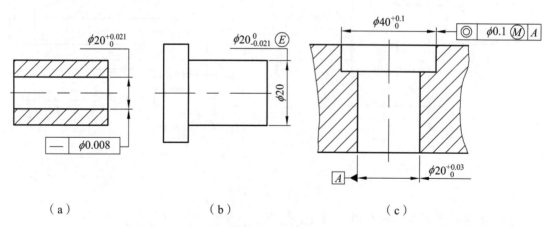

（a）　　　　　　　　（b）　　　　　　　　（c）

图 13.4　第 6 题图

表 13.6

图例	采用公差原则	边界及边界尺寸	给定几何公差	允许最大几何误差值
（a）				
（b）				
（c）				

7. 在表 13.7 中填写图 13.5 中各个形位公差代号的含义。

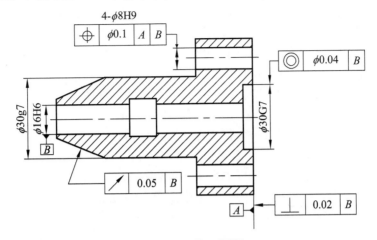

图 13.5 第 7 题图

表 13.7

代 号	解释代号	公差带形状
◎ Φ0.04 B		
↗ 0.05 B		
⊥ 0.02 B		
⊕ 0.1 A B		

第 4 章 表面粗糙度

一、判断题

1. 零件的尺寸精度越高,通常表面粗糙度参数值相应取得越小。　　　(　　　)

2. 表面粗糙度要求很小的零件, 则其尺寸公差亦必定很小。　　　(　　　)

3. 当表面要求耐磨时,可以选用 Ra, Rz。　　　(　　　)

二、选择题

1. 表面粗糙度代（符）号在图样上不应标注在（ 　　　 ）。

　　A. 可见轮廓线上　　　　　　　　　　B. 符号尖端从材料外指向被标注表面

　　C. 尺寸界线上　　　　　　　　　　　D. 符号尖端从材料内指向被标注表面

2. 表面粗糙度值越小, 则零件的（ 　　　 ）。

　　A. 耐磨性好, 配合精度高　　　　　　B. 易加工

　　C. 抗疲劳强度差　　　　　　　　　　D. 传动灵敏性差

三、填空题

1. 表面粗糙度是指加工表面上所具有的较小_____所组成的微观_____误差。

2. 国家标准中规定表面粗糙度的主要评定参数有_____、_____两项。

四、综合题

1. 有一轴，其尺寸为 $\phi40^{+0.016}_{+0.002}$ mm，圆柱度公差为 2.5 μm，试参照尺寸公差和几何公差确定该轴的表面粗糙度评定参数 Ra 的数值。

2. 在一般情况下，$\phi100H7$ 与 $\phi20H7$ 两孔相比，以及 $\phi60H7/e6$ 与 $\phi60H7/s6$ 配合中的两个轴相比，哪个表面应选用较小的粗糙度数值？

3. 试将下列的表面粗糙度要求标注在图 13.6 所示的零件图上。

（1）ϕD_1 孔的表面粗糙度参数 Ra 的上限值为 3.2 μm。

（2）ϕD_2 孔的表面粗糙度参数 Ra 值应在 3.2 ~ 6.3 μm。

（3）凸缘右端面采用铣削加工，表面粗糙度参数 Rz 的上限值为 12.5 μm。

（4）ϕd_1 和 ϕd_2 圆柱面表面粗糙度参数 Rz 的最大值为 6.3 μm。

（5）其余表面的表面粗糙度参数 Ra 的上限值为 12.5 μm。

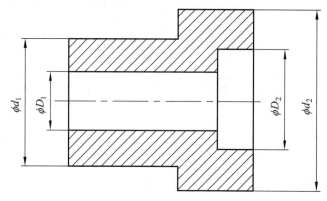

图 13.6　第 3 题图

4. 将表面粗糙度符（代）号标注在图 13.7 所示的零件图上。

（1）用任何方法加工 ϕd_3 圆柱面，Ra 最大允许值为 3.2 μm；

（2）用去除材料的方法获得 ϕd_1 孔，要求 Ra 最大允许值为 3.2 μm；

（3）用去除材料的方法获得表面 a，要求 Rz 最大允许值为 3.2 μm；

（4）其余用去除材料的方法获得表面，要求 Ra 允许值为 25 μm。

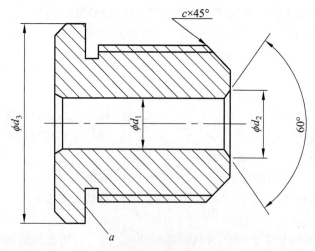

图 13.7　第 4 题图

第 5 章　滚动轴承的公差与配合

一、判断题

1. 滚动轴承内圈采用基孔制，其下偏差为零。　　　　　　　　（　　　　）

2. 滚动轴承配合，在图样上只需标注轴颈和外壳孔的公差带代号。　（　　　　）

3. 对于某些经常拆卸，更换的滚动轴承，应采用较松的配合。　　（　　　　）

4. 轴承的旋转速度越高，应选用越紧的配合。　　　　　　　　（　　　　）

5. 滚动轴承尺寸越大，选取的配合应越紧。　　　　　　　　　（　　　　）

二、选择题

1. 某滚动轴承承受 3 个大小和方向均不变的径向负荷，则固定套圈承受（　　　　）。

    A. 局部负荷　　　　　　　　　　B. 循环负荷

    C. 摆动负荷　　　　　　　　　　D. 轻负荷

2. 滚动轴承内圈与基本偏差为 r，m，n 的轴颈形成（　　　　）配合。

    A. 间隙　　　　　　　　　　　　B. 过盈

    C. 过渡　　　　　　　　　　　　D. 不确定

3. 选择滚动轴承与轴颈、外壳孔的配合时，首先应考虑的因素是（　　　　）。

    A. 轴承的径向游隙

    B. 轴承套圈相对于负荷方向的运转状态和所承受负荷的大小

    C. 轴和外壳的材料和机构

    D. 轴承的工作温度

三、填空题

1. 滚动轴承内孔作为＿＿＿＿＿＿＿＿孔，其直径公差带布置在零线＿＿＿＿＿＿。

2. 滚动轴承外圈作为＿＿＿＿＿＿＿＿轴，其直径公差带布置在零线＿＿＿＿＿＿。

3. 通常情况下，轴承内圈与轴一起转动，要求配合处有＿＿＿＿＿＿＿＿＿＿。

4. 剖分式外壳相对于整体式外壳，配合应选得较＿＿＿＿＿＿＿。

5. 对精密机床的＿＿＿＿＿＿＿轴承，常采用＿＿＿＿＿＿＿的间隙配合。

6. 滚动轴承的公差等级由轴承的＿＿＿＿＿＿和＿＿＿＿＿＿决定。

四、综合题

有一 D306 滚动轴承（公称内径 $d=30$ mm，公称外径 $D=72$ mm），轴与轴承内圈配合为 js5，壳体孔与轴承外因配合为 J6，试画出公差带图，并计算出它们的配合间隙与过盈以及平均间隙或过盈。

第 6 章　圆锥结合的公差与配合

一、判断题

1. 结构型圆锥装配终止位置是固定的。　　　　　　　　　　　（　　　　）

2. 位移型圆锥装配终止位置是不定的。　　　　　　　　　　　（　　　　）

3. 结构型圆锥配合性质的确定是圆锥直径公差。　　　　　　　（　　　　）

4. 位移型圆锥配合性质的确定是轴向位移方向及大小。　　　　（　　　　）

5. 圆锥直径公差带影响结构型圆锥的配合性质、接触质量。　　（　　　　）

二、选择题

1. 圆锥公差不包括（　　　　）。

    A. 圆锥直径公差　　　　　　　　　　　B. 锥角公差

    C. 圆锥截面直径公差　　　　　　　　　D. 圆锥结合长度公差

  2. 圆锥配合的种类不包括（　　　　）。

    A. 间隙配合　　　　　　　　　　　　　B. 过渡配合

    C. 紧密配合　　　　　　　　　　　　　D. 过盈配合

三、填空题

  1. 圆锥配合具有较高的_____、配合_____好、_____好、可以自由调整_____和_____等特点。

  2. 圆锥公差项目有_____公差、_____公差、圆锥的_____公差和给定截面_____公差。

四、综合题

  1. 若某圆锥最大直径为 100 mm，最小直径为 90 mm，圆锥长度为 100 mm，试确定圆锥角圆锥素线角和锥度。

  2. 某车床尾座顶尖套与顶尖结合采用莫氏锥度 No4，顶尖圆锥长度 L=118 mm，圆锥角公差等级为 AT8，试查出圆锥角 α 和锥度 C，以及圆锥角公差的数值（AT_α 和 AT_D）。

第7章　螺纹结合的公差与配合

一、判断题

1. 螺纹的单一中径不超出中径公差带，则该螺纹的中径一定合格。　　　　　　（　　　　）

2. 中径和顶径公差带不相同的两种螺纹，螺纹精度等级却可能相同。　　　　（　　　　）

二、选择题

1. 普通螺纹中径公差不能限制的是（　　　　）。

    A. 螺距累积误差　　　　　　　　　　　B. 小径误差

    C. 牙型半角误差　　　　　　　　　　　D. 中径误差

2. 普通螺纹的基本偏差是（　　　　）。

    A. ES 和 EI　　　　　　　　　　　　　B. EI 和 es

    C. es 和 ei　　　　　　　　　　　　　D. ei

3. 下列螺纹中，属粗牙，大径公差等级为 6 级的有（　　　　）。

    A. M10×1-6H　　　　　　　　　　　　B. M20-5g6g

    C. M10×1-5H6H-S-LH　　　　　　　　D. M30×2-6h

三、填空题

  1. 螺纹精度由_____与_____组成，可分为_____、_____和_____。

  2. M24×2-5g6g 螺纹中，其公称直径为_____ mm，大径公差带代号为_____，中径公差带代号为_____，螺距为_____ mm，旋合长度为_____。

  3. 大径为 30 mm、螺距为 2 mm 的普通内螺纹，中径和小径的公差带代号都为 6H，短旋合长度，该螺纹代号是_____。

  4. 螺纹按其用途不同，可分为_____螺纹，_____螺纹和_____螺纹。

四、综合题

  1. 已知螺纹尺寸和公差要求为 M24×2，加工后测得：实际大径 d_a=23.850 mm，实际中

径 d_{2a}=22.521 mm，螺距累积偏差 $\Delta P_{\sum}$ =+0.05 mm，牙型半角偏差分别为 $\Delta\frac{\alpha}{2}(左) = +20'$，

$\Delta\frac{\alpha}{2}(左) = +20'$，$\Delta\frac{\alpha}{2}(右) = -25'$，试求顶径和中径是否合格，查出所需旋合长度的范围。

2. 查表确定螺母 M24×2-6H、螺栓 M24×2-6h 的小径和中径、大径和中径的极限尺寸，并画出公差带图。

第 8 章　键与花键的公差与配合

一、选择题

1. 轴槽和轮毂槽对轴线的（　　　　）误差将直接影响平键连接的可装配性和工作接触情况。

  A. 平行度　　　　　　　　　　　　B. 对称度

  C. 位置度　　　　　　　　　　　　D. 垂直度

2. 国家标准规定，花键的定心方式采用（　　　）定心。

  A.　大径　　　　　　　　　　　　B. 小径

  C. 键宽　　　　　　　　　　　　　D. 中经

3. 平键的（　　　　）是配合尺寸。

  A. 键宽与槽宽　　　　　　　　　　B. 键高与槽深

  C. 键长与槽长　　　　　　　　　　D. 键宽和键高

4. 矩形花键连接采用的基准制为（　　　　）。

  A. 基孔制　　　　　　　　　　　　B. 基轴制

  C. 非基准制　　　　　　　　　　　D. 基孔制或基轴制

二、填空题

1. 矩形花键的主要几何参数有_____、_____和_____。

2. 矩形花键连接的配合代号为 6×23f7×26a11×6d10，其中 6 表示_____，23 表示_____，26 表示_____，是_____定心。

3. 花键连接与单键连接相比，其主要优点是_____，_____，_____。

4. 单键分为_____、_____和_____ 3 种，其中以_____应用最广。

四、综合题

1. 某减速器中一齿轮与轴之间通过平键连接来传递转矩，已知轴径为 25 mm，键宽为 8mm，试确定键槽的尺寸和配合，画出轴键槽的断面图和轮毂键槽的局部视图，并按规定进行标注。

第 9 章　圆柱齿轮的精度与检测

一、判断题

1. 齿轮传动的振动和噪声是由于齿轮传递运动的不准确性引起的。　　　　　　（　　　）

2. 高速动力齿轮对传动平稳性和载荷分布均匀性都要求很高。　　　　　　　　（　　　）

3. 同一齿轮的三项精度要求，可取成相同的精度等级，也可取不同的精度等级。

                      （　　　）

二、选择题

1. 影响齿轮载荷分布均匀性的公差项目有（　　　　）。

    A. F_i''　　　　　　B. f_f　　　　　　C. F_β　　　　　　D. f_i''

2. 影响齿轮传递运动准确性的误差项目有（　　　　）。

    A. F_p　　　　　　B. f_i'　　　　　　C. F_β　　　　　　D. F_w 和 F_p

3. 一般切削机床中的齿轮所采用的精度等级范围是（　　　　）。

    A. 3～5级　　　　B. 3～7级　　　　C. 4～8级　　　　D. 6～8级

三、综合题

某减速器中一对直齿圆柱齿轮，$m=5$ mm，$z_1=60$，$z_2=80$，$b_1=62$，$\alpha=20°$，$x=0$，$n_1=960$ r/min，孔径 $D=40$ mm，两轴承距离 $L=100$ mm，齿轮为钢制，箱体为铸铁，单件小批生产。试确定：（1）齿轮精度等级。

（2）检验项目及其允许值。

（3）齿厚上、下偏差或公法线长度极限偏差值。

（4）齿轮箱体精度要求及允许值。

（5）齿坯精度要求及允许值。

（6）画出齿轮零件图。

第10章　尺寸链

一、判断题

1. 组成环是指尺寸链中对封闭环有影响的全部环。　　　　　　　　　　　　（　　　　）

2. 零件工艺尺寸链一般选择最重要的环作封闭环。　　　　　　　　　　　　（　　　　）

3. 尺寸链的特点是它具有封闭性和制约性。　　　　　　　　　　　　　　　（　　　　）

二、选择题

1. 如图13.8所示尺寸链，属于增环的有（　　　　）。

    A. A_1 和 A_5　　　　B. A_2 和 A_5　　　　C. A_3 和 A_5　　　　D. A_1 和 A_2 和 A_4

2. 如图13.9所示尺寸链，属于减环的有（　　　　）。

    A. A_1 和 A_5　　　　B. A_2 和 A_5　　　　C. A_3 和 A_5　　　　D. A_1 和 A_2 和 A_4

3. 如图13.10所示尺寸链，封闭环 N 合格的尺寸有（　　　　）。

    A. 6.10 mm 和 5.10 mm　　　　　　　　B. 6.10 mm 和 5.90 mm

    C. 5.10 mm 和 5.90 mm　　　　　　　　D. 5.10 mm 和 5.70 mm

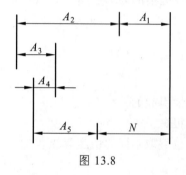

图 13.8

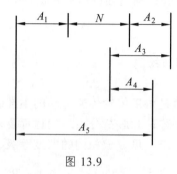

图 13.9

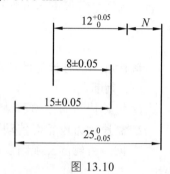

图 13.10

三、填空题

1. 尺寸链计算的目的主要是进行＿＿＿＿＿＿计算和＿＿＿＿＿＿计算。

2. 在建立尺寸链时应遵循＿＿＿＿＿＿原则，尺寸链封闭环公差等于＿＿＿＿＿＿。

3. 在工艺设计中，尺寸链计算是根据零件图样要求，进行＿＿＿＿＿或＿＿＿＿＿。

四、综合题

如图 13.11 所示，在孔中插键槽，其加工顺序为加工孔 $A_1 = \phi 39.6^{+0.1}_{0}$ mm，插键槽 A_2，磨孔至 $A_3 = \phi 40^{+0.05}_{0}$ mm，最后要求得到 $A_0 = \phi 43.6^{+0.34}_{0}$ mm，试求 A_2。

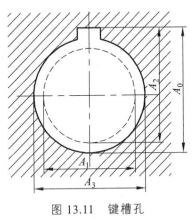

图 13.11 键槽孔

第 11 章 测量技术基础

一、判断题

1. 测量仪器的分度值与标尺间距相等。 （　　　）

2. 量块按"级"使用时忽略了量块的检定误差。 （　　　）

3. 一般说来，测量误差总是小于加工误差。 （　　　）

二、选择题

1. 精密度是表示测量结果中（　　　）大小影响的程度。
    A. 系统误差　　　　　　B. 随机误差　　　　　　C. 粗大误差　　　　　　D. 极限误差

2. 电动轮廓仪是根据（　　　）原理制成的。
    A. 针描　　　　　　　　B. 印模　　　　　　　　C. 干涉　　　　　　　　D. 光切

3. 绝对误差与真值之比叫（　　　）。
    A. 粗大误差　　　　　　B. 极限误差　　　　　　C. 剩余误差　　　　　　D. 相对误差

4. 用比较仪测量零件时，调整仪器所用量块的尺寸误差，按性质为（　　　）。
    A. 粗大误差　　　　　　B. 随机误差　　　　　　C. 系统误差　　　　　　D. 相对误差

三、填空题

1. 测量是将＿＿＿＿＿与＿＿＿＿＿或＿＿＿＿＿进行比较，并确定其＿＿＿＿＿的实验过程。

2. 按"级"使用量块时量块尺寸为＿＿＿＿＿，按"等"使用时量块尺寸为＿＿＿＿＿。

3. 测量误差是指被测量的＿＿＿＿＿与其＿＿＿＿＿之差，按其特性可分为＿＿＿＿＿误差、＿＿＿＿＿误差和＿＿＿＿＿误差 3 类。

4. 测量误差产生的原因有＿＿＿＿＿误差、＿＿＿＿＿误差、＿＿＿＿＿误差、＿＿＿＿＿

误差。

四、综合题

1. 对某一尺寸进行等精度测量 100 次，测得值最大为 50.015 mm，最小为 49.985 mm。假设测量误差符合正态分布，求测得值落在 49.995～50.010 mm 的概率为多少？

2. 试用 91 块一套的量块组合出尺寸 51.987 mm 的量块组。

第 12 章　光滑工件尺寸的检测

一、判断题

1. 验收极限是检验工件尺寸时判断合格与否的尺寸界限。 （　　　　）

2. 通规用来控制工件的作用尺寸，止规用来控制工件的实际尺寸。 （　　　　）

3. 光滑量规通规的基本尺寸等于工件的最大极限尺寸。 （　　　　）

二、选择题

1. 对检验 $\phi25\,H7({}^{+0.021}_{\ 0})$ mm ⒠ 孔用量规，下列说法正确的有（　　　　）。

　　A. 该量规称塞规

　　B. 该量规通规最大极限尺寸为 $\phi25.021$ mm

　　C. 该量规通规最小极限尺寸为 $\phi25$ mm

　　D. 该量规止规最小极限尺寸为 $\phi25$ mm

2. 检验 $\phi40\,H7({}^{+0.025}_{\ 0})$ mm ⒠ 量规，其（　　　　）。（量规公差 $T=3$ μm，位置要素 $Z=4$ μm）

　　A. 通规下偏差为 +0.005 5 mm　　　　B. 止规上偏差为 +0.025 mm

　　C. 通过磨损极限尺寸为 $\phi40.025$ mm　　D. 止规最大极限尺寸为 $\phi40.005\,5$ mm

3. 下列论述正确的有（　　　　）。

　　A. 孔的最大实体实效尺寸 $=D_{max}-$形位公差

　　B. 轴的最大实体实效尺寸 $=d_{max}+$形位公差

　　C. 轴的最大实体实效尺寸 $=$ 实际尺寸+形位误差

　　D. 最大实体实效尺寸 $=$ 最大实体尺寸

4. 某轴 $\phi10^{\ 0}_{-0.015}$ mm ⒠ 则（　　　　）。

　　A. 被测要素遵守 MMVC 边界。

　　B. 当被测要素尺寸为 $\phi10$ mm 时，允许形状误差最大可达 0.015 mm。

　　C. 当被测要素尺寸为 $\phi9.985$ mm 时，允许形状误差最大可达 0.015 mm。

　　D. 局部实际尺寸应小于等于最小实体尺寸。

三、填空题

1. 通规的基本尺寸等于_____，止规的基本尺寸等于_____。

2. 根据泰勒原则，量规通规工作面是_____表面，止规工作面是_____表面。

3. 测量 $\phi60^{\ 0}_{-0.019}$ mm ⒠ 轴用工作量规通规的最大极限尺寸为_____mm，测量 $\phi60^{\ 0}_{-0.019}$ mm ⒠ 轴用工作量规止规的最小极限尺寸为_____ mm，（已知量规公差 $T=6$ μm，位置要素 $Z=9$ μm）。

四、综合题

计算检验 $\phi50H7/f6$ 用工作量规及轴用校对量规的工作尺寸，并画出量规公差带图。

参考文献

[1] 王伯平. 互换性与测量技术基础[M]. 4 版. 北京：机械工业出版社，2013.

[2] 从树岩，龚雪. 互换性与技术测量[M]. 北京：机械工业出版社，2016.

[3] 周兆元，李翔英. 互换性与测量技术基础[M]. 北京：机械工业出版社，2011.

[4] 张铁，李旻. 互换性与测量技术[M]. 北京：清华大学出版社，2010.

[5] 廖念钊. 互换性与测量技术基础[M]. 5 版. 北京：中国标准出版社，2013.

[6] 韩进宏，王长春. 互换性与测量技术基础[M]. 北京：中国林业出版社，2006.